中学入試

分野別

＼集中レッスン／

算数 計算

粟根秀史［著］

文英堂

この本の特色と使い方

　小学校で習う算数の中でも，4年生から6年生の間に身につけておきたい内容，簡単な受験算数のコツを短期間で学習できるように作りました。

　「短期間で，お気軽に，でもちゃんと力はつく」という方針で，次のような内容にしています。この本で勉強し，2週間でレベルアップしましょう。

1. 受験算数のコツが2週間で身につく

　1日4〜6ページの学習で，受験算数の考え方，解き方を身につけることができます。4日ごとに復習のページ，最後の2日は入試問題をのせていますので，復習と受験対策もふくめて2週間で終えられるようにしています。

2. 例題・ポイントで確認，練習問題で定着

　例題，ポイント，練習問題の順にのせています。例題とポイントで学習内容を確認し，書きこみ式の練習問題で定着させることができます。

3. ドリルとはひと味ちがう例題とポイント

　正しい解法を身につけられるように，例題の解答は，かなりていねいに書いています。また，例題の後には，見直すときに便利なポイントを簡単にまとめています。

　例題とポイントで内容をしっかり確認してから問題に取り組めるようになっていますので，短期間で力をつけることができます。

も　く　じ

例題 1-❶

次の計算をしなさい。

(1) $524-248+176-252$

(2) $236+345-136-245$

(3) $(71+72+73+74+75+76)-(51+52+53+54+55+56)$

✏ 解き方と答え

(1) うまく組み合わせると，ぴったりの数がつくれることから ✏

$\qquad 524-248+176-252$

$\qquad =(524+176)-(248+252)$ ← ぴったりの数をつくる

$\qquad =700-500$

$\qquad =\textbf{200}$ …答

(2) 下2けたが同じ数の組があることから ✏

$\qquad 236+345-136-245$

$\qquad =(236-136)+(345-245)$ ← 下2けたが同じ数をまとめる

$\qquad =100+100$

$\qquad =\textbf{200}$ …答

(3) 2つの（ ）内のそれぞれの数の差（さ）が等しいことから ✏

$\qquad (71+72+73+74+75+76)-(51+52+53+54+55+56)$

$\qquad =(71-51)+(72-52)+(73-53)+(74-54)+(75-55)+(76-56)$

$\qquad =20\times6$ ↑（ ）内はすべて同じ数

$\qquad =\textbf{120}$ …答

> **ポイント**
> まず先に式全体を見て，
> 計算が楽になる数の組み合わせはないかを考えよう！

練習問題 1-❶

▶次の計算をしなさい。

1 $373-194-106+277$

2 $565+848-465-148$

3 $(86+79+72+65+58+51+44)-(82+75+68+61+54+47+40)$

例題 1-❷

次の計算をしなさい。

(1) $450+399$

(2) $8+98+998+9998+99998$

(3) $231756-99997$

解き方と答え

(1) $399=400-1$ を利用します。

　　$450+399=450+400-1=850-1=$ **849** ‥‥答

(2) $8=10-2$, $98=100-2$, $998=1000-2$,

　　$9998=10000-2$, $99998=100000-2$

　　を利用します。

　　　$8+98+998+9998+99998$

　　$=10-2+100-2+1000-2+10000-2+100000-2$

　　$=111110-2\times5$

　　$=$ **111100** ‥‥答

(3) 99997 をひくということは，100000 をひいてから，ひきすぎた分の 3 をたせ
　　ばよいことから

　　　$231756-99997$

　　$=231756-100000+3$

　　$=$ **131759** ‥‥答

 大きな数の各位に，「9」という数字が多く出てくる場合は，
キリのよい数にして考えよう！

6

解答➡別冊3ページ

練習問題 1-❷

▶次の計算をしなさい。

[1] $99 + 250 + 199 - 50$

[2] $2996 + 3997 + 4998 + 5999$

[3] $16751 - 9999$

例題 1-❸

次の計算をしなさい。

(1)　$54 \times 39 \div 126 \div 26 \times 14 \div 36$

(2)　$1\dfrac{5}{6} \div 2\dfrac{2}{3} \times 3\dfrac{3}{7} \div 2\dfrac{3}{4}$

 解き方と答え

(1)　かける数は分子に，わる数は分母にして分数で計算します。

$$54 \times 39 \div 126 \div 26 \times 14 \div 36$$

$$= \frac{54 \times 39 \times 14}{126 \times 26 \times 36} \quad \Leftarrow ここで約分！$$

$$= \frac{1}{4} \quad \cdots 答$$

(2)　分数でわるときにわる数の分母と分子を入れかえてすべてかけ算の形にし，
先に約分をして計算します。

$$1\frac{5}{6} \div 2\frac{2}{3} \times 3\frac{3}{7} \div 2\frac{3}{4}$$

$$= \frac{11}{6} \div \frac{8}{3} \times \frac{24}{7} \div \frac{11}{4} \qquad まず，帯分数を仮分数にする$$

$$= \frac{11}{6} \times \frac{3}{8} \times \frac{24}{7} \times \frac{4}{11} \quad \Leftarrow ここで約分！$$

$$= \frac{6}{7} \quad \cdots 答$$

・整数のかけ算とわり算だけの計算は，分数の形にし，約分を利用して，
一度に計算しよう！
・分数のかけ算とわり算だけの計算は，すべてかけ算の形にし，約分を
利用して，一度に計算しよう！

練習問題 1-❸

▶次の計算をしなさい。

1 $102 \div 28 \times 35 \div 18 \times 21 \div 85$

2 $2\dfrac{1}{4} \times 1\dfrac{1}{20} \div 2\dfrac{7}{10} \times 1\dfrac{5}{7}$

例題2-❶

次の計算をしなさい。

(1) 〔480÷{230−(26−17)×22}〕÷5

(2) 210−{(33−6)÷9+54−51÷3}×4

 解き方と答え

(1) 次のように①〜⑤の順に計算をします。

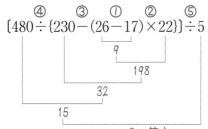

①は　9

②は　9×22＝198

③は　230−198＝32

④は　480÷32＝15

⑤は　15÷5＝3

以上より，答えは　**3**　…㊒

(2) 次のように①〜⑦の順に計算をします。

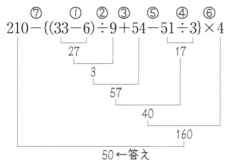

①は　27

②は　27÷9＝3

③は　3+54＝57

④は　17

⑤は　57−17＝40

⑥は　40×4＝160

⑦は　210−160＝50

以上より，答えは　**50**　…㊒

ポイント

かっこのついた四則計算では

・（　）の中→{　}の中→〔　〕の中の順に計算する。

・かけ算，わり算を，たし算，ひき算より先に計算する。

解答➡別冊4ページ

練習問題 2-❶

▶次の計算をしなさい。

1 $87-\{83-42\div3+5\times(54\div6-7)\}$

2 $150\div[12\times3-\{6\times3-(112-84)\div4\}\times3]$

例題2-❷

次の計算をしなさい。

(1) $1\dfrac{1}{3}-0.4\times2\dfrac{2}{3}\div1.2$

(2) $\left\{\left(1\dfrac{1}{6}+\dfrac{5}{12}\times0.9\right)-1\dfrac{1}{4}\div3\right\}\div0.7$

解き方と答え

(1) 次のように①，②の順に計算をします。

$1\overset{②}{\dfrac{1}{3}}-0.\overset{①}{4}\times2\overset{①}{\dfrac{2}{3}}\div1.2$

$\dfrac{8}{9}$

$\dfrac{4}{9}$ ←答え

①は $\dfrac{2}{5}\times\dfrac{8}{3}\div\dfrac{6}{5}=\dfrac{2}{5}\times\dfrac{8}{3}\times\dfrac{5}{6}=\dfrac{8}{9}$

②は $\dfrac{4}{3}-\dfrac{8}{9}=\dfrac{12}{9}-\dfrac{8}{9}=\dfrac{4}{9}$

以上より，答えは $\dfrac{4}{9}$ …答

(2) 次のように①〜⑤の順に計算をします。

$\left\{\left(1\overset{②}{\dfrac{1}{6}}+\overset{①}{\dfrac{5}{12}}\times0.9\right)-1\overset{③}{\dfrac{1}{4}}\div3\right\}\overset{⑤}{\div}0.7$

$\dfrac{3}{8}$ $\dfrac{5}{12}$

$\dfrac{37}{24}$

$\dfrac{9}{8}$

$1\dfrac{17}{28}$ ←答え

①は $\dfrac{5}{12}\times\dfrac{9}{10}=\dfrac{3}{8}$

②は $\dfrac{7}{6}+\dfrac{3}{8}=\dfrac{28}{24}+\dfrac{9}{24}=\dfrac{37}{24}$

③は $\dfrac{5}{4}\times\dfrac{1}{3}=\dfrac{5}{12}$

④は $\dfrac{37}{24}-\dfrac{5}{12}=\dfrac{37}{24}-\dfrac{10}{24}=\dfrac{9}{8}$

⑤は $\dfrac{9}{8}\div\dfrac{7}{10}=\dfrac{9}{8}\times\dfrac{10}{7}=1\dfrac{17}{28}$

以上より，答えは $1\dfrac{17}{28}$ …答

ポイント

小数と分数の混合計算では，原則として，小数を分数になおして計算をする。

$0.1=\dfrac{1}{10}$，$0.01=\dfrac{1}{100}$ より $0.3=\dfrac{3}{10}$，$0.24=\dfrac{24}{100}=\dfrac{6}{25}$

次の小数→分数は覚えておこう！

$0.2\to\dfrac{1}{5}$ $0.4\to\dfrac{2}{5}$ $0.6\to\dfrac{3}{5}$ $0.8\to\dfrac{4}{5}$

解答 ➡ 別冊 4 ページ

練習問題 2-❷

▶ 次の計算をしなさい。

$\boxed{1}$ $2.6 \div 1\dfrac{11}{15} - 1\dfrac{1}{14} \times 1.2 - \dfrac{1}{14}$

$\boxed{2}$ $1\dfrac{1}{12} - \dfrac{2}{9} \div \left(2\dfrac{2}{3} \times 0.7 - 1.6\right)$

$\boxed{3}$ $\left\{3.5 \times \left(1.4 - \dfrac{7}{15}\right) - 0.6\right\} \div 1\dfrac{1}{3}$

$\boxed{4}$ $1.3 \div \left\{\dfrac{1}{3} + \left(\dfrac{3}{8} + 2\dfrac{3}{4}\right) \div \left(0.5 + 3\dfrac{2}{3}\right)\right\}$

$\boxed{5}$ $1.2 - \left\{\left(0.5 \div \dfrac{1}{3} - \dfrac{9}{16}\right) \times \dfrac{8}{21} - \dfrac{1}{4}\right\} \times 4$

$\boxed{6}$ $20 \div \left\{7.2 - \left(3\dfrac{1}{5} - 1\dfrac{1}{4}\right) \div 0.5\right\} \times 2\dfrac{3}{4} - 16$

例題3-❶

次の計算をしなさい。

(1)　$63 \times 29 + 37 \times 29$

(2)　$156 \times 110 - 110 \times 99 + 174 \times 110 - 110 \times 201$

(3)　$11 \times 11 + 22 \times 22 + 33 \times 33 + 44 \times 44$

解き方と答え

(1)　29 でくくって計算します。

$\quad\quad 63 \times 29 + 37 \times 29$

$= (63 + 37) \times 29$　🔙 共通な数でくくる

$= 100 \times 29$

$= \mathbf{2900}$　…答

(2)　110 でくくって計算します。

$\quad\quad 156 \times 110 - 110 \times 99 + 174 \times 110 - 110 \times 201$

$= (156 - 99 + 174 - 201) \times 110$　🔙 共通な数でくくる

$= 30 \times 110$

$= \mathbf{3300}$　…答

(3)　$22 \times 22 = (11 \times 2) \times (11 \times 2) = 11 \times 11 \times 4$ のように，式を書きかえ，11×11 でくくって計算します。

$\quad\quad 11 \times 11 + 22 \times 22 + 33 \times 33 + 44 \times 44$

$= 11 \times 11 + (11 \times 2) \times (11 \times 2) + (11 \times 3) \times (11 \times 3) + (11 \times 4) \times (11 \times 4)$

$= 11 \times 11 \times 1 + 11 \times 11 \times 4 + 11 \times 11 \times 9 + 11 \times 11 \times 16$　🔙 くふうして共通な数をつくる

$= 11 \times 11 \times (1 + 4 + 9 + 16)$

$= 121 \times 30$

$= \mathbf{3630}$　…答

ポイント

共通な数でくくって計算する。

・$A \times 12 + B \times 12 = (A + B) \times 12$

・$7 \times A - 7 \times B + 7 \times C = 7 \times (A - B + C)$

練習問題 3-❶

▶次の計算をしなさい。

$\boxed{1}$ $36 \times 59 - 24 \times 36$

$\boxed{2}$ $1.3 \times 0.7 + 1.3 \times 2.1 + 7.2 \times 1.3 - 5 \times 1.3$

$\boxed{3}$ $9 \times 9 + 18 \times 18 + 27 \times 27 + 36 \times 36 - 45 \times 45$

例題3-❷

次の計算をしなさい。

(1) $21.5 - 2.15 \times 6 + 0.215 \times 20$

(2) $48 \times 77 + 56 \times 35 - 13 \times 77 + 35 \times 67$

解き方と答え

(1) $21.5 = 2.15 \times 10,\quad 0.215 = 2.15 \times 0.1$

　のように，式を書きかえ，2.15 でくくって計算をします。

$\quad 21.5 - 2.15 \times 6 + 0.215 \times 20$

$= \underline{2.15 \times} 10 - \underline{2.15 \times} 6 + \underline{2.15 \times} 0.1 \times 20$　← くふうして共通な数をつくる

$= 2.15 \times (10 - 6 + 2)$

$= 2.15 \times 6$

$= \mathbf{12.9}$　…答

(2) うまく組み合わせて，それぞれを共通な数でくくって計算します。

$48 \times 77 + 56 \times 35 - 13 \times 77 + 35 \times 67$　← くくれる数を見つける

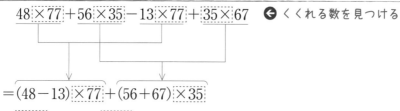

$= (48 - 13) \times 77 + (56 + 67) \times 35$

$= 35 \times 77 + 123 \times 35$

$= 35 \times (77 + 123)$

$= 35 \times 200$

$= \mathbf{7000}$　…答

　・小数点の位置をずらすくふうによって，共通な数をつくり出せないか考えてみよう！

　・式全体を見て，共通な数でくくれる数の組み合わせをさがしてみよう！

練習問題 3-❷

▶次の計算をしなさい。

1 $1.23 \times 50 + 12.3 \times 25 + 123 \times 7$

2 $1.34 \times 66 + 7 \times 13.4 - 0.134 \times 360 + 4 \times 134$

3 $242 \times 64 + 39 \times 58 - 25 \times 242$

▶次の計算をしなさい。

1 $225.7 - 150.9 + 174.3 - 49.1$

2 $4.321 - 3.432 + 5.432 - 2.321$

3 $(100 + 102 + 104 + 106 + 108 + 110 + 112 + 114 + 116)$
  $-(96 + 94 + 92 + 90 + 88 + 86 + 84 + 82 + 80)$

4 $125000 + 99 + 898 + 8997 - 99999$

5 $27 \div 64 \div 33 \times 72 \div 162 \times 44$

6 $2\dfrac{2}{5} \div 1\dfrac{1}{8} \times 11\dfrac{1}{4} \div 1\dfrac{11}{13}$

7 $144 \div \{35 - (3 \times 8 - 5)\}$

8 $35 - [6 \times \{13 - (17 - 2) \div 3\} \div 4 - 5]$

9 $2.6 - \left(1.2 \times 2\dfrac{2}{3} \div 2\dfrac{2}{5} + 1.2\right)$

10 $3.5 \div \left\{\left(1.4 - \dfrac{1}{3}\right) \div 1\dfrac{1}{3} - 0.3\right\}$

11 $0.9 - \left\{ \left(0.6 - \dfrac{1}{5} \div \dfrac{5}{6} \right) \times 2\dfrac{11}{27} - \dfrac{7}{30} \right\}$

12 $\left\{ \dfrac{1}{4} + 2\dfrac{1}{42} \times \left(\dfrac{2}{17} + 1.2 \right) \right\} \div \left\{ \left(0.5 + \dfrac{2}{3} - \dfrac{5}{6} \right) \times (2.3 - 1.6) \right\}$

13 $0.495 \times 4.95 + 5.93 \times 4.95 - 2.425 \times 4.95$

14 $56 \times 56 - 42 \times 42 + 28 \times 28 - 14 \times 14$

15 $15 \times 1.24 - 1.5 \times 1.8 - 0.15 \times 86$

16 $6 \times 3.14 + 5 \times 6.28 - 4 \times 9.42$

17 $11 \times 7.3 + 11 \times 3.8 + 9 \times 13.7 - 9 \times 2.6$

18 $6.3 \times 8.9 + 5.7 \times 8.9 - 3.9 \times 6.3 - 3.9 \times 5.7$

例題5-❶

次の計算をしなさい。

$$0.25 \div 0.375 \div 0.875 \times 0.75 \times 7$$

 解き方と答え

$$0.25\left(= \frac{25}{100}\right) = \frac{1}{4}, \quad 0.375\left(= \frac{375}{1000}\right) = \frac{3}{8},$$

$$0.875\left(= \frac{875}{1000}\right) = \frac{7}{8}, \quad 0.75\left(= \frac{75}{100}\right) = \frac{3}{4}$$

のように，式を書きかえ，分数で計算します。

$$0.25 \div 0.375 \div 0.875 \times 0.75 \times 7$$

$$= \frac{1}{4} \div \frac{3}{8} \div \frac{7}{8} \times \frac{3}{4} \times \frac{7}{1}$$

$$= \frac{1}{4} \times \frac{\overset{2}{8}}{3} \times \frac{\overset{2}{8}}{\underset{1}{7}} \times \frac{3}{\underset{1}{4}} \times \frac{\overset{1}{7}}{1} \quad ⬅ ここで約分！$$

$$= 4 \quad \cdots 答$$

ポイント

次の「小数→分数」は覚えておこう！

$0.25 \rightarrow \dfrac{1}{4}$　　　$0.75 \rightarrow \dfrac{3}{4}$　　　$0.125 \rightarrow \dfrac{1}{8}$

$0.375 \rightarrow \dfrac{3}{8}$　　　$0.625 \rightarrow \dfrac{5}{8}$　　　$0.875 \rightarrow \dfrac{7}{8}$

$0.05 \rightarrow \dfrac{1}{20}$　　　$0.15 \rightarrow \dfrac{3}{20}$　　　$0.35 \rightarrow \dfrac{7}{20}$

$0.45 \rightarrow \dfrac{9}{20}$　　　$0.55 \rightarrow \dfrac{11}{20}$　　　$0.65 \rightarrow \dfrac{13}{20}$

$0.85 \rightarrow \dfrac{17}{20}$　　　$0.95 \rightarrow \dfrac{19}{20}$

練習問題 5-❶

▶ 次の計算をしなさい。

$\boxed{1}$ $1\dfrac{1}{3} \div 0.75 \times 1.25 \div 3\dfrac{1}{3}$

$\boxed{2}$ $1.75 \div \dfrac{1}{4} \times 2 \times 1\dfrac{1}{2} \div 2.25$

$\boxed{3}$ $0.25 \div 0.125 \times 0.375 \div 0.75 \div 0.625$

$\boxed{4}$ $0.125 \times 0.5 \div \dfrac{1}{24} \div 0.375 \times 0.4 \times 1.25$

覚えておくべき［小数→分数］

例題5-❷

次の計算をしなさい。

$$(0.875 \times 0.5 + 1.125) \div 0.625 \times 0.6$$

 解き方と答え

$$0.875 = \frac{875}{1000} = \frac{7}{8}, \quad 0.5 = \frac{1}{2}, \quad 1.125\left(=1\frac{125}{1000}\right) = 1\frac{1}{8}, \quad 0.625\left(=\frac{625}{1000}\right) = \frac{5}{8}$$

のように，式を書きかえ，分数で計算します。

$$(0.875 \times 0.5 + 1.125) \div 0.625 \times 0.6$$

$$= \left(\frac{7}{8} \overset{①}{\times} \frac{1}{2} \overset{②}{+} 1\frac{1}{8}\right) \overset{③}{\div} \frac{5}{8} \overset{③}{\times} \frac{3}{5}$$

$\underbrace{\quad}_{\frac{7}{16}}$

$\underbrace{\qquad}_{\frac{25}{16}}$

$\underbrace{\qquad\qquad}_{1\frac{1}{2} \leftarrow 答え}$

①は $\dfrac{7}{16}$

②は $\dfrac{7}{16} + \dfrac{9}{8} = \dfrac{7}{16} + \dfrac{18}{16} = \dfrac{25}{16}$

③は $\dfrac{25}{16} \times \dfrac{8}{5} \times \dfrac{3}{5} = 1\dfrac{1}{2}$

以上より，答えは $\mathbf{1\dfrac{1}{2}}$ …㊎

ポイント

もう1度覚えよう！

$0.25 \rightarrow \dfrac{1}{4}$　　$0.75 \rightarrow \dfrac{3}{4}$　　$0.125 \rightarrow \dfrac{1}{8}$

$0.375 \rightarrow \dfrac{3}{8}$　　$0.625 \rightarrow \dfrac{5}{8}$　　$0.875 \rightarrow \dfrac{7}{8}$

$0.05 \rightarrow \dfrac{1}{20}$　　$0.15 \rightarrow \dfrac{3}{20}$　　$0.35 \rightarrow \dfrac{7}{20}$

$0.45 \rightarrow \dfrac{9}{20}$　　$0.55 \rightarrow \dfrac{11}{20}$　　$0.65 \rightarrow \dfrac{13}{20}$

$0.85 \rightarrow \dfrac{17}{20}$　　$0.95 \rightarrow \dfrac{19}{20}$

練習問題 5-❷

▶次の計算をしなさい。

$\boxed{1}$ $(0.125 \times 2.25 + 0.375 \times 1.25 - 0.625 \times 0.25) \div 0.875$

$\boxed{2}$ $1.625 \times 2.2 \div 0.65 \div 0.4 - 1.8 \times \left(1.25 - 1\dfrac{1}{9}\right)$

$\boxed{3}$ $1.875 - \{2.375 \times (1.15 - 0.3 \times 1.75) \div 0.95\}$

$\boxed{4}$ $1 - [7 \div \{0.375 \times 5 + 0.875 \div 0.25 + 5 \div (1 \div 0.125)\}] \div 5$

例題6-❶

次の計算をしなさい。

(1) $3+11+19+27+35+43+51$

(2) $10+24+38+52+66+80+94+108+122+136$

解き方と答え

(1) 3, 11, 19, 27, … のように差が常に一定の数の列を「等差数列」といいます。

奇数個の数が並ぶ等差数列の場合，真ん中の数がすべての数の平均になりますから，

真ん中の数 × 個数 ＝ すべての数の和

を利用して計算します。

$$3+11+19+27+35+43+51$$
$$=27×7 \quad ← 真ん中の数×個数$$
$$=\mathbf{189} \quad …答$$

(2) 偶数個の数が並ぶ等差数列の場合，真ん中の2つの数の平均（＝ はじめの数と終わりの数の平均 ）がすべての数の平均になりますから，

(はじめの数＋終わりの数)÷2×個数＝すべての数の和

を利用して計算します。

$$10+24+38+52+66+80+94+108+122+136$$
$$=(10+136)÷2×10 \quad ← (はじめの数＋終わりの数)÷2×個数$$
$$=\mathbf{730} \quad …答$$

ポイント
- 奇数個の数が並ぶ等差数列の和
  ＝真ん中の数×個数
- 偶数個の数が並ぶ等差数列の和
  ＝(はじめの数＋終わりの数)÷2×個数　← 奇数個の場合も使えます

練習問題 6-❶

▶次の計算をしなさい。

1 $101+104+107+110+113+116+119+122+125$

2 $5.2+6.4+7.6+8.8+10+11.2+12.4+13.6$

3 $(1.23+2.34+3.45+4.56+5.67)\times2$

6
日目

数の和を求めるくふう

例題6-❷

次の計算をしなさい。

(1) $235＋253＋325＋352＋523＋532$

(2) $(2468＋4682＋6824＋8246)÷1111－(531＋315＋153)÷111$

解き方と答え

(1) 百の位の数の和は　$2＋2＋3＋3＋5＋5＝20$

十の位の数の和は　$3＋5＋2＋5＋2＋3＝20$

一の位の数の和は　$5＋3＋5＋2＋3＋2＝20$

以上より，どの位も数の和が20になっていますから

$235＋253＋325＋352＋523＋532$

$＝20×100＋20×10＋20×1$

$＝20×(100＋10＋1)$

$＝20×111$

$＝\textbf{2220}$　…答

(2) 前半の（　）の中で，どの位も数の和が

$2＋4＋6＋8＝20$

後半の（　）の中で，どの位も数の和が

$5＋3＋1＝9$

となっていますから

$(2468＋4682＋6824＋8246)÷1111－(531＋315＋153)÷111$

$＝20×1111÷1111－9×111÷111$

$＝20－9$

$＝\textbf{11}$　…答

**同じ数字が何度も出てくるたし算は，
位ごとにまとめて，簡単に計算ができないか考えてみよう！**

解答➡別冊12ページ

練習問題 6-❷

▶次の計算をしなさい。

1 $21.43 + 42.31 + 34.12 + 13.24$

2 $(5436 + 6543 + 3654 + 4365) \div 2222 + (789 + 897 + 978) \div 222$

例題7-❶

次の計算をしなさい。

$$\frac{1}{1\times2}+\frac{1}{2\times3}+\frac{1}{3\times4}+\frac{1}{4\times5}+\frac{1}{5\times6}$$

　解き方と答え

$$\frac{1}{2\times3}=\frac{1}{2}-\frac{1}{3},\quad\frac{1}{3\times4}=\frac{1}{3}-\frac{1}{4}$$

のように，式を書きかえ，同じ分数どうしを消していきます。

$$\frac{1}{1\times2}+\frac{1}{2\times3}+\frac{1}{3\times4}+\frac{1}{4\times5}+\frac{1}{5\times6}$$

$$=\frac{1}{1}-\frac{1}{2}+\frac{1}{2}-\frac{1}{3}+\frac{1}{3}-\frac{1}{4}+\frac{1}{4}-\frac{1}{5}+\frac{1}{5}-\frac{1}{6}$$

$$=\frac{1}{1}-\frac{1}{6}$$

$$=\frac{5}{6}\quad\cdots\text{㊐}$$

　差に分けて，打ち消し合う計算
A＜B のとき

$$\frac{B-A}{A\times B}=\frac{1}{A}-\frac{1}{B}$$

と変形できることを利用しよう！

〈例〉

$$\underset{\displaystyle\frac{\boxed{1}}{3\times4}=\frac{1}{3}-\frac{1}{4}}{\overset{4-3}{\downarrow}},\quad\underset{\displaystyle\frac{\boxed{2}}{3\times5}=\frac{1}{3}-\frac{1}{5}}{\overset{5-3}{\downarrow}},\quad\underset{\displaystyle\frac{\boxed{3}}{4\times7}=\frac{1}{4}-\frac{1}{7}}{\overset{7-4}{\downarrow}}$$

練習問題 7-❶

▶次の計算をしなさい。

1 $\dfrac{1}{5\times6}+\dfrac{1}{6\times7}+\dfrac{1}{7\times8}+\dfrac{1}{8\times9}+\dfrac{1}{9\times10}$

2 $\dfrac{1}{2}+\dfrac{1}{6}+\dfrac{1}{12}+\dfrac{1}{20}+\dfrac{1}{30}+\dfrac{1}{42}$

3 $\dfrac{2}{1\times3}+\dfrac{2}{3\times5}+\dfrac{2}{5\times7}+\dfrac{2}{7\times9}+\dfrac{2}{9\times11}+\dfrac{2}{11\times13}$

4 $\dfrac{1}{2\times3}+\dfrac{2}{3\times5}+\dfrac{3}{5\times8}+\dfrac{4}{8\times12}+\dfrac{5}{12\times17}$

次の計算をしなさい。

$$\frac{1}{2\times4}+\frac{1}{4\times6}+\frac{1}{6\times8}+\cdots+\frac{1}{16\times18}+\frac{1}{18\times20}$$

 解き方と答え

$$\frac{1}{2\times4}=\left(\frac{1}{2}-\frac{1}{4}\right)\times\frac{1}{2},\quad\frac{1}{4\times6}=\left(\frac{1}{4}-\frac{1}{6}\right)\times\frac{1}{2}$$

のように，式を書きかえ，同じ分数どうしを消していきます。

$$\frac{1}{2\times4}+\frac{1}{4\times6}+\frac{1}{6\times8}+\cdots+\frac{1}{16\times18}+\frac{1}{18\times20}$$

$$=\left(\frac{1}{2}-\frac{1}{4}\right)\times\frac{1}{2}+\left(\frac{1}{4}-\frac{1}{6}\right)\times\frac{1}{2}+\cdots+\left(\frac{1}{16}-\frac{1}{18}\right)\times\frac{1}{2}+\left(\frac{1}{18}-\frac{1}{20}\right)\times\frac{1}{2}$$

$$=\left(\frac{1}{2}-\frac{1}{4}+\frac{1}{4}-\frac{1}{6}+\cdots+\frac{1}{16}-\frac{1}{18}+\frac{1}{18}-\frac{1}{20}\right)\times\frac{1}{2}$$

$$=\left(\frac{1}{2}-\frac{1}{20}\right)\times\frac{1}{2}$$

$$=\frac{9}{40}\quad\cdots\text{答}$$

ポイント

差に分けて，打ち消し合う計算
A＜B のとき

$$\frac{1}{A\times B}=\left(\frac{1}{A}-\frac{1}{B}\right)\times\frac{1}{B-A}$$

と変形できることを利用しよう！

〈例〉

$$\frac{1}{3\times5}=\left(\frac{1}{3}-\frac{1}{5}\right)\times\frac{1}{2},\quad\frac{1}{4\times7}=\left(\frac{1}{4}-\frac{1}{7}\right)\times\frac{1}{3}$$

↑
5−3

↑
7−4

練習問題 7-❷

▶次の計算をしなさい。

1 $\dfrac{1}{3\times5}+\dfrac{1}{5\times7}+\dfrac{1}{7\times9}+\cdots+\dfrac{1}{19\times21}$

2 $\dfrac{1}{2\times5}+\dfrac{1}{5\times8}+\dfrac{1}{8\times11}+\dfrac{1}{11\times14}+\cdots+\dfrac{1}{23\times26}$

3 $\dfrac{1}{2\times3\times4}=\left(\dfrac{1}{2\times3}-\dfrac{1}{3\times4}\right)\times\dfrac{1}{2}$, $\dfrac{1}{3\times4\times5}=\left(\dfrac{1}{3\times4}-\dfrac{1}{4\times5}\right)\times\dfrac{1}{2}$
  などを利用して，次の計算をしなさい。

  $\dfrac{1}{2\times3\times4}+\dfrac{1}{3\times4\times5}+\dfrac{1}{4\times5\times6}+\cdots+\dfrac{1}{7\times8\times9}$

7
日目

差に分けて打ち消し合う

解答 ➡ 別冊 15 ページ

▶ 次の計算をしなさい。（ **1** ～ **13** ）

1 $0.75 \div 0.625 \times 1.25 \div 0.5$

2 $2\dfrac{2}{3} \times 2.25 \div 7.5 + 0.65 \div 0.125$

3 $\left(1.5 - \dfrac{2}{3}\right) \div 0.625 - 0.25 \times 1\dfrac{1}{9}$

4 $\left(0.875 \times 1\dfrac{1}{3} - 0.25\right) \div 0.55 \div \left(1.15 \times \dfrac{10}{23}\right)$

5 $16 \times 0.625 + \dfrac{21}{4} \div 0.875 - 24 \times 0.375$

6 $\left(3.75 - 2\dfrac{7}{16}\right) \div 0.75 \div \left(2.125 - 1\dfrac{5}{16}\right)$

7 $62 + 53 + 44 + 35 + 26 + 17 + 8$

8 $16.6 + 18.8 + 21 + 23.2 + 25.4 + 27.6 + 29.8 + 32$

9 $123 + 456 + 231 + 564 + 312 + 645$

10 $99.11 + 77.66 + 55.55 + 66.44 + 44.99 + 11.77$

11 $(1379 + 7193 + 9731 + 3917) \div 5555 - (258 + 825 + 582) \div 555$

12 $\dfrac{0.36}{1 \times 2} + \dfrac{0.36}{2 \times 3} + \dfrac{0.36}{3 \times 4} + \dfrac{0.36}{4 \times 5} + \dfrac{0.36}{5 \times 6}$

13 $\dfrac{1}{5}+\dfrac{1}{45}+\dfrac{1}{117}+\dfrac{1}{221}$

14 $\dfrac{1}{1\times3\times5}=\left(\dfrac{1}{1\times3}-\dfrac{1}{3\times5}\right)\times\dfrac{1}{4}$, $\dfrac{1}{3\times5\times7}=\left(\dfrac{1}{3\times5}-\dfrac{1}{5\times7}\right)\times\dfrac{1}{4}$
などを利用して，次の計算をしなさい。

$\dfrac{1}{1\times3\times5}+\dfrac{1}{3\times5\times7}+\dfrac{1}{5\times7\times9}+\cdots+\dfrac{1}{11\times13\times15}$

例題9-❶

次の □ にあてはまる数を求（もと）めなさい。

(1)　$12+□=25$　　　　　(2)　$□-14=9$

(3)　$24-□=5$　　　　　(4)　$15×□=60$

(5)　$□÷26=4$　　　　　(6)　$84÷□=6$

(7)　$3.87÷□=2.15$

解き方と答え

(1)　$12+□=25$　　→　$□=25-12=$**13**　…㊜

(2)　$□-14=9$　　　→　$□=9+14=$**23**　…㊜

(3)　$24-□=5$　　　→　$□=24-5=$**19**　…㊜

(4)　$15×□=60$　　→　$□=60÷15=$**4**　…㊜

(5)　$□÷26=4$　　　→　$□=4×26=$**104**　…㊜

(6)　$84÷□=6$　　　→　$□=84÷6=$**14**　…㊜

(7)　$3.87÷□=2.15$　→　$□=3.87÷2.15=$**1.8**　…㊜

ポイント

★ 逆算（ぎゃくさん）のルール

$\left.\begin{array}{l}□+A=B \\ A+□=B\end{array}\right\}$　→　$□=B-A$

$□-A=B$　→　$□=B+A$

$A-□=B$　→　$□=A-B$

> ひき算の逆算でも，「ひき算」になる場合があることに注意！

$\left.\begin{array}{l}□×A=B \\ A×□=B\end{array}\right\}$　→　$□=B÷A$

$□÷A=B$　→　$□=B×A$

$A÷□=B$　→　$□=A÷B$

> わり算の逆算でも，「わり算」になる場合があることに注意！

練習問題 9-❶

▶次の □ にあてはまる数を求めなさい。

1 $\square + 34 = 52$

2 $\square - 27 = 18$

3 $42 - \square = 16$

4 $\square \times 24 = 192$

5 $\square \div 13 = 12$

6 $527 \div \square = 17$

9 日目

□にあてはまる数を求める

例題9-❷

次の□にあてはまる数を求めなさい。

$$15-\{16-14\div(1.8+\square)\}\div2\frac{2}{11}=9.5$$

 解き方と答え

□がわかっているものとして計算したときの逆の順に，1つの「固まり」ごとに，次々と求めていきます。

次のように①〜④の値を番号順に逆算で求めていきます。

$$15-\{16-14\div(1.8+\square)\}\div2\frac{2}{11}=9.5$$

①は　$15-9.5=5.5$

②は　$5.5\times\dfrac{24}{11}=12$

③は　$16-12=4$

④は　$14\div4=3.5$

□は　$3.5-1.8=1.7$

以上より，答えは　**1.7**　…㊌

ポイント

□の前後に×や÷がある場合や，□が（　）の中にある場合などは，どこまでを1つの「固まり」として見るのかを正確にとらえ，逆算のルールにしたがって計算していこう！

練習問題 9-❷

▶次の□にあてはまる数を求めなさい。

1 $3.2 + \square \times \dfrac{1}{4} \div 3\dfrac{1}{8} = 4$

2 $4.5 \times \left(\dfrac{5}{6} - \square \right) - 0.8 = 1.6$

3 $\dfrac{22}{39} \times \left(2.2 - 1.75 \div \square - \dfrac{6}{11} \right) \div \dfrac{7}{26} = 0.8$

10日目 　面積図に整理する計算

例題10-❶

次の計算をしなさい。

$$780 \times 780 - 778 \times 778$$

解き方と答え

式を変形して共通な数をつくり，その共通な数でくくって計算することもできますが，面積図に整理すると，✏簡単に解くことができます。

780×780 と 778×778 の差は，右のような2つの正方形の面積の差（色の部分）と等しくなりますから

$$780 \times 2 \times 2 - 2 \times 2 = \textbf{3116} \quad \cdots 答$$

とわかります。

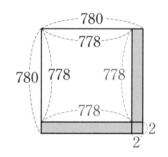

＜面積図のかき方＞

① 1辺が780の正方形をかく

② ①の正方形に1辺が778の正方形を重ねてかく

③ 重なっていない部分（色がついた部分）が求める差になる

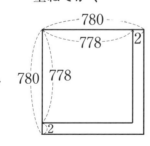

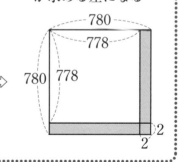

ポイント

大きな数の積の差は，面積図に整理して，面積の差で考えると，楽に計算できる。

解答➡別冊18ページ

練習問題 10-❶

▶次の計算をしなさい。

1 $123 \times 2014 - 122 \times 2013$

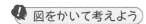 図をかいて考えよう

2 $895 \times 795 - 893 \times 794$

3 $2025 \times 2025 - 2015 \times 2015$

例題 10-❷

次の計算をしなさい。

567×678－566×679

解き方と答え

これも式の変形から共通な数でくくる方法でも解けますが，やはり面積図に整理すると，簡単に解くことができます。

567×678 と 566×679 の差は，右のような2つの長方形の面積の差（㋐＋㋒と㋑＋㋒の差＝㋐と㋑の差）と等しくなりますから

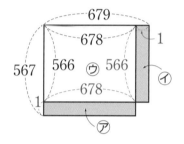

1×678－566×1＝**112**　…㊤

とわかります。

＜面積図のかき方＞

① たてが567で横が678の長方形をかく

⇨

② ①の長方形に たてが566で，横が679の長方形を重ねてかく

⇨

③ 重なっていない部分（色がついた部分）の差㋐－㋑を求める

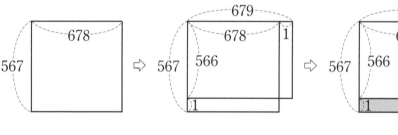
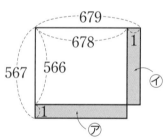

ポイント

大きな数の積の差は，面積図に整理して，面積の差で考えると，楽に計算できる。

練習問題 10-❷

▶次の計算をしなさい。

1 $716 \times 996 - 715 \times 997$

2 $3579 \times 3579 - 3577 \times 3581$

3 $643 \times 4221 - 543 \times 4321$

4 $12348 \times 23456 - 12345 \times 23459$

11日目 単位のかん算（体積・面積）

例題11-❶

次の □ にあてはまる数を求めなさい。

$$240\,\mathrm{cm}^3 + 1.35\,\mathrm{L} + 0.00123\,\mathrm{m}^3 = \boxed{}\,\mathrm{dL}$$

 解き方と答え

下のような「単位かん算マス」 を利用して計算します。

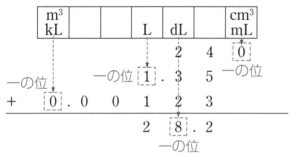

以上より，答えは **28.2 dL** …箘

> **ポイント**
>
> 「単位かん算マス」のそれぞれの単位が書かれたマス目の下に，問題の
> それぞれの数の一の位がそろうように書きこみ，筆算をする。
> 次の「単位かん算マス」は覚えておこう！
>
> | セブン (7マス) | m^3 kL | | | L | dL | | cm^3 mL |
> |---|---|---|---|---|---|---|---|
>
> | イレブン (11マス) | km^2 | | ha | | a | | m^2 | | | | cm^2 |
> |---|---|---|---|---|---|---|---|---|---|---|---|

練習問題 11-❶

● 次の □ にあてはまる数を求めなさい。

1 $0.004\,\mathrm{m}^3 + 2.2\,\mathrm{L} + 350\,\mathrm{cm}^3 = \square\,\mathrm{dL}$

2 $3620\,\mathrm{dL} + 3520\,\mathrm{L} - 3.8\,\mathrm{kL} = \square\,\mathrm{mL}$

3 $1.8\,\mathrm{L} + 250\,\mathrm{cc} + 0.002\,\mathrm{m}^3 - 500\,\mathrm{mL} = \square\,\mathrm{dL}$　◀ 1000cc＝1L

例題11-❷

次の □ にあてはまる数を求めなさい。

$$0.002\,\text{km}^2 + 120000\,\text{cm}^2 + 0.03\,\text{ha} - 220\,\text{m}^2 = \boxed{}\,\text{a}$$

✏ **解き方と答え**

下のような「単位かん算マス」✏を利用して計算します。

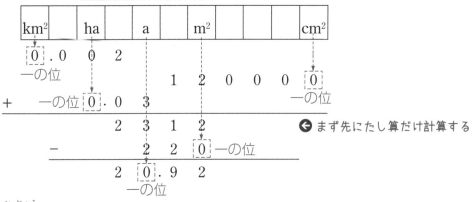

以上より，答えは **20.92 a** …㊐

ポイント

「単位かん算マス」のそれぞれの単位が書かれたマス目の下に，問題の
それぞれの数の一の位がそろうように書きこみ，筆算をする。
次の「単位かん算マス」は覚えておこう！

セブン (7マス)	m³ kL			L	dL	cm³ mL

イレブン (11マス)	km²		ha		a		m²				cm²

練習問題 11-❷

▶次の□にあてはまる数を求めなさい。

1 $536\,\mathrm{a} + 2.84\,\mathrm{ha} - 43200\,\mathrm{m}^2 = \square\,\mathrm{km}^2$

2 $470000\,\mathrm{m}^2 + 40\,\mathrm{a} - 0.01\,\mathrm{km}^2 + 3\,\mathrm{ha} = \square\,\mathrm{a}$

3 $3540000\,\mathrm{cm}^2 + 0.015\,\mathrm{km}^2 - 0.81\,\mathrm{ha} + 0.99\,\mathrm{a} = \square\,\mathrm{m}^2$

● 次の□にあてはまる数を求めなさい。

1 $27-(\square+9)\div2=15$

2 $(56-\square\times1.5)\div1.6=20$

3 $25+18\div(2-\square)=49$

4 $100-(90\div\square+8\times8)=21$

5 $10-\{90-(80+\square)\div7\}\times\dfrac{1}{6}=5$

6 $\left(56-\square\times1\dfrac{8}{9}\right)\div1\dfrac{2}{3}+3.8=23.8$

7 $\dfrac{1}{2}-\dfrac{2}{3}\div\left(7-3\dfrac{1}{3}\div\square\times\dfrac{2}{5}-\dfrac{1}{3}\right)=\dfrac{1}{6}$

8 $0.125\times\left(3\dfrac{1}{5}\div\square-1\dfrac{1}{3}\right)\div\dfrac{1}{9}=3$

9 $5.6 \div 1.6 \times \left(1\dfrac{1}{4} \div \Box - 3\dfrac{4}{7} \div 6\dfrac{1}{4}\right) = \dfrac{11}{12}$

10 $\left\{\left(\dfrac{1}{3} - \dfrac{1}{5}\right) \times 24 - \dfrac{11}{10} \div \Box\right\} \div \dfrac{2}{5} + 1.875 \div 1.5 = 3\dfrac{1}{4}$

11 $666 \times 666 - 664 \times 664 = \Box$

12 $762 \times 634 - 767 \times 629 = \Box$

13 $150\,\mathrm{dL}+0.15\,\mathrm{m}^3-35000\,\mathrm{mL}=\boxed{}\,\mathrm{L}$

14 $0.05\,\mathrm{m}^3\times0.2+25\,\mathrm{mL}+0.28\,\mathrm{L}\times2-376\,\mathrm{cc}=\boxed{}\,\mathrm{dL}$

15 $24000\,\mathrm{cm}^2+1.376\,\mathrm{a}+0.3224\,\mathrm{ha}=\boxed{}\,\mathrm{m}^2$

16 $3.56\,\mathrm{ha}+0.048\,\mathrm{km}^2-95000\,\mathrm{cm}^2+18.5\,\mathrm{m}^2=\boxed{}\,\mathrm{a}$

▶次の計算をしなさい。(①〜⑫)

① $(11+18+25+32+39+46+53)-(50+43+36+29+22+15+8)$　　　(広島・修道中)

② $9+99+999+9999+99999$　　　(大阪・同志社香里中)

③ $\dfrac{9}{10}\div\dfrac{7}{8}\times\dfrac{5}{6}\div\dfrac{3}{4}\times\dfrac{1}{2}$　　　(神奈川・藤嶺学園藤沢中)

④ $\{33\times5-(89+28)\div9\}\div76\times2$　　　(京都・同志社中)

⑤ $\left\{\left(3\dfrac{1}{6}-1.25\right)\times\dfrac{51}{115}-0.17\right\}\div1.02$ （神奈川・慶應湘南藤沢中等部）

⑥ $13\times13+26\times26+39\times39+52\times52-65\times65$ （神奈川・東海大付相模高中等部）

⑦ $0.613\times90+6.13+61.3\times9+613$ （東京・中央大附中）

⑧ $1.377\times2.518+1.623\times2.518+1.623\times4.482+1.377\times4.482$ （東京・晃華学園中）

⑨ $\left(1\dfrac{1}{3}-\dfrac{5}{12}\div 0.375+\dfrac{5}{6}\right)\div 0.95-\dfrac{4}{9}$

（大阪・東海大付仰星高中等部）

⑩ $42+55+68+81+94+107+120+133+146+159$

（東京・青稜中）

⑪ $(1257+2571+5712+7125)\div 1111-(341+413+134)\div 111$

（愛知・春日丘中）

⑫ $\dfrac{5}{4\times 9}+\dfrac{7}{9\times 16}+\dfrac{9}{16\times 25}+\dfrac{11}{25\times 36}$

（神奈川・鎌倉学園中）

⑬ $7\frac{1}{3} \div (1.2 \times \square + 2) - 0.75 = \frac{5}{12}$

（東京・光塩女子学院中等科）

の$\square$にあてはまる数を求めなさい。

⑭ $2011 \times 2011 - 2012 \times 2010$ を計算しなさい。

（兵庫・親和中）

▶次の$\square$にあてはまる数を求めなさい。（⑮，⑯）

⑮ $1380\,L + 1280\,dL - 1.5\,m^3 = \square\,mL$

（東京・高輪中）

⑯ $42000\,m^2 + 2530\,a - 0.095\,km^2 = \square\,ha$

（神奈川・公文国際学園中等部）

▶ 次の計算をしなさい。(①〜⑯)

① $543 + 432 + 321 - 332 - 243 - 121$

(神奈川・関東学院六浦中)

② $(98 + 87 + 76 + 65 + 54 + 43 + 32 + 21) - (12 + 23 + 34 + 45 + 56 + 67 + 78 + 89)$

(埼玉・浦和実業中)

③ $6996 + 7997 + 8998 + 9999$

(愛知・名古屋女子大中)

④ $1 \times 2 \div 4 \times 8 \div 16 \times 32 \div 64 \times 128 \div 256 \times 512 \div 1024$

(東京・共立女子中)

⑤ $7\dfrac{7}{8} \times 2\dfrac{2}{7} \div 1\dfrac{4}{5} - 3\dfrac{5}{6} \div 5\dfrac{3}{4} \times 6\dfrac{3}{8}$

（東京・成城学園中）

⑥ $\{64-(37-12)\div3\times6\}\div2-(12-3\times2)\times3\div6+3$

（奈良・西大和学園中）

⑦ $\dfrac{19}{20} \div 0.9 \times 1.5 - \dfrac{2}{3} \times \left\{\dfrac{5}{6} + \dfrac{3}{4} \div \left(3 - 1\dfrac{4}{5}\right)\right\}$

（東京・女子学院中）

入試問題にチャレンジ②

⑧ $1.3 \times 0.7 + 1.3 \times 2.1 + 1.3 \times 7.2$

（兵庫・甲南中）

⑨ $48 \times 48 - 36 \times 36 - 24 \times 24 - 12 \times 12$

(神奈川学園中)

⑩ $6.28 \times 0.81 + 3.38 \times 3.14 + 0.5 \times 31.4$

(東京・大妻中野中)

⑪ $43 \times 28 + 33 \times 43 + 37 \times 61 + 39 \times 80$

(東京純心女子中)

⑫ $\{(1.875 \times 1.875 + 0.625 \times 0.625) \times 128 + 0.375 \times 8\} \div 0.25$

(京都・洛南高附中)

⑬ $10+12.6+15.2+17.8+20.4+23+25.6+28.2+30.8+33.4$ （千葉・東邦大附東邦中）

⑭ $123+1234+2345+3456+4567+5678+6789+7890+8901+9012$ （奈良学園中）

⑮ $(3579+5793+7935+9357)÷3333-(246+462+624)÷333$ （東京・海城中）

⑯ $\dfrac{1}{4}+\dfrac{1}{28}+\dfrac{1}{70}+\dfrac{1}{130}+\dfrac{1}{208}$ （東京・立教女学院中）

⑰ $\left\{0.72 \times 3\dfrac{1}{8} \div \left(2\dfrac{5}{6} - \square\right) - 0.6\right\} \div 1\dfrac{1}{35} = \dfrac{7}{15}$

の□にあてはまる数を求めなさい。

（神奈川・浅野中）

⑱ $1234 \times 5678 - 1233 \times 5679 + 2345 \times 6789 - 2344 \times 6790$

を計算しなさい。

（大阪・高槻中）

⑲ $280\,\text{mL} + 2.3\,\text{L} - 0.9\,\text{dL} + 0.08\,\text{m}^3 = \square\,\text{dL}$
の□にあてはまる数を求めなさい。

（東京・慶應中等部）

⑳ $0.001\,\text{km}^2 - 500\,\text{m}^2 + 20000000\,\text{cm}^2 = \square\,\text{m}^2$
の□にあてはまる数を求めなさい。

（神奈川・法政大二中）

14
日目

入試問題にチャレンジ②

③

● 著者紹介

粟根 秀史（あわね ひでし）

　教育研究グループ「エデュケーションフロンティア」代表。森上教育研究所客員研究員。大学在学中より塾講師を始め，35年以上に亘り中学受験の算数を指導。SAPIX 小学部教室長，私立さとえ学園小学校教頭を経て，現在は算数教育の研究に専念する傍ら，教材開発やセミナー・講演を行っている。また，独自の指導法によって数多くの「算数大好き少年・少女」を育て，「算数オリンピック金メダリスト」をはじめとする「算数オリンピックファイナリスト」や灘中，開成中，桜蔭中合格者等を輩出している。『中学入試 最高水準問題集 算数』『速ワザ算数シリーズ』（いずれも文英堂）等著作多数。

□ 編集協力　山口雄哉(私立さとえ学園小学校教諭)
□ 図版作成　㈲デザインスタジオ エキス.

シグマベスト
**中学入試　分野別集中レッスン
算数　計算**

著　者　粟根秀史
発行者　益井英郎
印刷所　中村印刷株式会社
発行所　株式会社文英堂
　　　　〒601-8121　京都市南区上鳥羽大物町28
　　　　〒162-0832　東京都新宿区岩戸町17
　　　　(代表)03-3269-4231

中学入試

分野別

＼集中レッスン／

算数 計算

解答・解説

文英堂

練習問題 1-❶ の答え　　問題➡本冊 5 ページ

1 350　　2 800　　3 28

解き方

1 $373-194-106+277$

$=(373+277)-(194+106)$ ← ぴったりの数をつくる

$=650-300$

$=\textbf{350}$

2 $565+848-465-148$

$=\underline{(565-465)}+\underline{(848-148)}$

↑ 下2けたが同じ数でまとめる

$=100+700$

$=\textbf{800}$

3 $(86+79+72+65+58+51+44)$

　$-(82+75+68+61+54+47+40)$

$=(86-82)+(79-75)+\cdots$

　$+\underline{(51-47)}+\underline{(44-40)}$ ← (　)内はすべて同じ数

$=4\times7$

$=\textbf{28}$

練習問題 1-❷ の答え　　問題➡本冊 7 ページ

1 498　　2 17990　　3 6752

解き方

1 $99+250+199-50$

$=\underline{100-1}+250+\underline{200-1}\quad-50$

↑ キリのよい数で考える

$=500-2$

$=\textbf{498}$

2 $2996+3997+4998+5999$

$=\underline{3000-4}+\underline{4000-3}$

　$+\underline{5000-2}+\underline{6000-1}$ ← キリのよい数で考える

$=18000-10$

$=\textbf{17990}$

3 $16751-9999$

$=16751-\underline{10000+1}$ ← キリのよい数で考える

$=\textbf{6752}$

練習問題 1-❸ の答え　　問題➡本冊 9 ページ

1 $1\dfrac{3}{4}$　　2 $1\dfrac{1}{2}$

解き方

1 $102\div28\times35\div18\times21\div85$

$=\dfrac{102\times35\times21}{28\times18\times85}$ ← ここで約分

$=\dfrac{7}{4}=\textbf{1}\dfrac{\textbf{3}}{\textbf{4}}$

2 $2\dfrac{1}{4}\times1\dfrac{1}{20}\div2\dfrac{7}{10}\times1\dfrac{5}{7}$

$=\dfrac{9}{4}\times\dfrac{21}{20}\div\dfrac{27}{10}\times\dfrac{12}{7}$

$=\dfrac{9}{4}\times\dfrac{21}{20}\times\dfrac{10}{27}\times\dfrac{12}{7}$ ← ここで約分

$=\dfrac{3}{2}=\textbf{1}\dfrac{\textbf{1}}{\textbf{2}}$

練習問題 2-❶ の答え

問題➡本冊11ページ

1 8　　**2** 50

解き方

1 $87-\{83-42\div3+5\times(54\div6-7)\}$

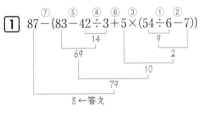

① は　9　　② は　9-7=2　　③ は　5×2=10

④ は　14　　⑤ は　83-14=69

⑥ は　69+10=79　　⑦ は　87-79=**8**

2 $150\div[12\times3-\{6\times3-(112-84)\div4\}\times3]$

① は　28　　② は　28÷4=7　　③ は　18

④ は　18-7=11　　⑤ は　11×3=33

⑥ は　36　　⑦ は　36-33=3

⑧ は　150÷3=**50**

練習問題 2-❷ の答え

問題➡本冊13ページ

1 $\dfrac{1}{7}$　　**2** $\dfrac{1}{4}$　　**3** 2

4 $1\dfrac{1}{5}$　　**5** $\dfrac{27}{35}$　　**6** $\dfrac{2}{3}$

解き方

1 $2.6\div1\dfrac{11}{15}-1\dfrac{1}{14}\times1.2-\dfrac{1}{14}$

① は　$\dfrac{13}{5}\div\dfrac{26}{15}=\dfrac{13}{5}\times\dfrac{15}{26}=\dfrac{3}{2}$

② は　$\dfrac{15}{14}\times\dfrac{6}{5}=\dfrac{9}{7}$

③ は　$\dfrac{3}{2}-\dfrac{9}{7}=\dfrac{21}{14}-\dfrac{18}{14}=\dfrac{3}{14}$

④ は　$\dfrac{3}{14}-\dfrac{1}{14}=\dfrac{\mathbf{1}}{\mathbf{7}}$

2 $1\dfrac{1}{12}-\dfrac{2}{9}\div\left(2\dfrac{2}{3}\times0.7-1.6\right)$

① は　$\dfrac{8}{3}\times\dfrac{7}{10}=\dfrac{28}{15}$

② は　$\dfrac{28}{15}-\dfrac{8}{5}=\dfrac{28}{15}-\dfrac{24}{15}=\dfrac{4}{15}$

③ は　$\dfrac{2}{9}\div\dfrac{4}{15}=\dfrac{2}{9}\times\dfrac{15}{4}=\dfrac{5}{6}$

④ は　$\dfrac{13}{12}-\dfrac{5}{6}=\dfrac{13}{12}-\dfrac{10}{12}=\dfrac{\mathbf{1}}{\mathbf{4}}$

3 $\{3.5 \times (1.4 - \frac{7}{15}) - 0.6\} \div 1\frac{1}{3}$

①は $\frac{7}{5} - \frac{7}{15} = \frac{21}{15} - \frac{7}{15} = \frac{14}{15}$

②は $\frac{7}{2} \times \frac{14}{15} = \frac{49}{15}$

③は $\frac{49}{15} - \frac{3}{5} = \frac{49}{15} - \frac{9}{15} = \frac{8}{3}$

④は $\frac{8}{3} \div \frac{4}{3} = \frac{8}{3} \times \frac{3}{4} = \mathbf{2}$

4 $1.3 \div \{\frac{1}{3} + (\frac{3}{8} + 2\frac{3}{4}) \div (0.5 + 3\frac{2}{3})\}$

①は $\frac{3}{8} + 2\frac{6}{8} = 3\frac{1}{8}$

②は $\frac{1}{2} + 3\frac{2}{3} = \frac{3}{6} + 3\frac{4}{6} = 4\frac{1}{6}$

③は $3\frac{1}{8} \div 4\frac{1}{6} = \frac{25}{8} \div \frac{25}{6} = \frac{25}{8} \times \frac{6}{25} = \frac{3}{4}$

④は $\frac{1}{3} + \frac{3}{4} = \frac{4}{12} + \frac{9}{12} = \frac{13}{12}$

⑤は $\frac{13}{10} \div \frac{13}{12} = \frac{13}{10} \times \frac{12}{13} = \mathbf{1\frac{1}{5}}$

5 $1.2 - \{(0.5 \div \frac{1}{3} - \frac{9}{16}) \times \frac{8}{21} - \frac{1}{4}\} \times 4$

①は $\frac{1}{2} \div \frac{1}{3} = \frac{1}{2} \times \frac{3}{1} = \frac{3}{2}$

②は $\frac{3}{2} - \frac{9}{16} = \frac{24}{16} - \frac{9}{16} = \frac{15}{16}$

③は $\frac{15}{16} \times \frac{8}{21} = \frac{5}{14}$

④は $\frac{5}{14} - \frac{1}{4} = \frac{10}{28} - \frac{7}{28} = \frac{3}{28}$

⑤は $\frac{3}{28} \times 4 = \frac{3}{7}$

⑥は $\frac{6}{5} - \frac{3}{7} = \frac{42}{35} - \frac{15}{35} = \mathbf{\frac{27}{35}}$

6 $20 \div \{7.2 - (3\frac{1}{5} - 1\frac{1}{4}) \div 0.5\} \times 2\frac{3}{4} - 16$

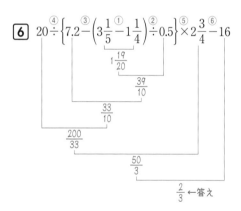

①は $3\frac{4}{20} - 1\frac{5}{20} = 1\frac{19}{20}$

②は $1\frac{19}{20} \div \frac{1}{2} = \frac{39}{20} \times \frac{2}{1} = \frac{39}{10}$

③は $\frac{72}{10} - \frac{39}{10} = \frac{33}{10}$

④は $20 \div \frac{33}{10} = 20 \times \frac{10}{33} = \frac{200}{33}$

⑤は $\frac{200}{33} \times \frac{11}{4} = \frac{50}{3}$

⑥は $\frac{50}{3} - 16 = \mathbf{\frac{2}{3}}$

3日目 共通な数でくくる

練習問題 3-❶ の答え　問題➡本冊15ページ

1. 1260　　2. 6.5　　3. 405

解き方

1. $36 \times 59 - 24 \times 36$
$= 36 \times (59 - 24)$　← 共通な数でくくる
$= 36 \times 35$
$= \textbf{1260}$

2. $1.3 \times 0.7 + 1.3 \times 2.1 + 7.2 \times 1.3 - 5 \times 1.3$
$= 1.3 \times (0.7 + 2.1 + 7.2 - 5)$　← 共通な数でくくる
$= 1.3 \times 5$
$= \textbf{6.5}$

3. $9 \times 9 + 18 \times 18 + 27 \times 27 + 36 \times 36 - 45 \times 45$
$= 9 \times 9 \times 1 + 9 \times 9 \times 4 + 9 \times 9 \times 9 + 9 \times 9 \times 16$
$\quad - 9 \times 9 \times 25$　← くふうして共通な数をつくる
$= 9 \times 9 \times (1 + 4 + 9 + 16 - 25)$　← 共通な数でくくる
$= 81 \times 5$
$= \textbf{405}$

練習問題 3-❷ の答え　問題➡本冊17ページ

1. 1230　　2. 670　　3. 11700

解き方

1. $1.23 \times 50 + 12.3 \times 25 + 123 \times 7$
$= 1.23 \times 50 + \underline{1.23 \times 10} \times 25 + \underline{1.23 \times 100} \times 7$
　　↑ くふうして共通な数をつくる
$= 1.23 \times (50 + 250 + 700)$
$= 1.23 \times 1000$
$= \textbf{1230}$

2. $1.34 \times 66 + 7 \times 13.4 - 0.134 \times 360 + 4 \times 134$
$= 1.34 \times 66 + 7 \times \underline{1.34 \times 10}$
$\quad - \underline{1.34 \times 0.1} \times 360 + 4 \times \underline{1.34 \times 100}$　← くふうして共通な数をつくる
$= 1.34 \times (66 + 70 - 36 + 400)$
$= 1.34 \times 500$
$= \textbf{670}$

3. $\underline{242 \times 64} + 39 \times 58$
$\quad \underline{- 25 \times 242}$　← くくれる数を見つける
$= 242 \times (64 - 25) + 39 \times 58$
$= 242 \times 39 + 39 \times 58$
$= (242 + 58) \times 39$
$= 300 \times 39$
$= \textbf{11700}$

1	200	**2**	4	**3**	180
4	34995	**5**	$\dfrac{1}{4}$	**6**	13
7	9	**8**	28	**9**	$\dfrac{1}{15}$
10	7	**11**	$\dfrac{4}{15}$	**12**	$12\dfrac{1}{2}$
13	19.8	**14**	1960	**15**	3
16	12.56	**17**	222	**18**	60

解き方

1　$225.7-150.9+174.3-49.1$

$=(225.7+174.3)-(150.9+49.1)$　← ぴったりの数をつくる

$=400-200$

$=\mathbf{200}$

2　$4.321-3.432+5.432-2.321$

$=\underline{(4.321-2.321)}+\underline{(5.432-3.432)}$

↑ 下3けたが同じ数でまとめる

$=2+2$

$=\mathbf{4}$

3　$(100+102+104+106+108+110+112+114$
　　　$+116)-(96+94+92+90+88+86+84$
　　　$+82+80)$

$=\underline{(100-80)}+\underline{(102-82)}+\underline{(104-84)}$
　$+\underline{(106-86)}+\cdots+\underline{(114-94)}+\underline{(116-96)}$

↑ （　）内はすべて同じ数

$=20\times9$

$=\mathbf{180}$

4　$125000+99+898+8997-99999$

$=125000+\underline{100-1}+\underline{900-2}$
　$+\underline{9000-3}-\underline{100000+1}$　← キリのよい数で考える

$=35000-5$

$=\mathbf{34995}$

5　$27\div64\div33\times72\div162\times44$

$=\dfrac{27\times72\times44}{64\times33\times162}$　← ここで約分

$=\dfrac{1}{4}$

6　$2\dfrac{2}{5}\div1\dfrac{1}{8}\times11\dfrac{1}{4}\div1\dfrac{11}{13}$

$=\dfrac{12}{5}\div\dfrac{9}{8}\times\dfrac{45}{4}\div\dfrac{24}{13}$

$=\dfrac{12}{5}\times\dfrac{8}{9}\times\dfrac{45}{4}\times\dfrac{13}{24}$　← ここで約分

$=\mathbf{13}$

7

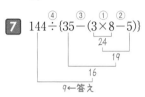

$144\div\{35-(3\times8-5)\}$

①は　24　　②は　$24-5=19$

③は　$35-19=16$　　④は　$144\div16=\mathbf{9}$

8　$35-[6\times\{13-(17-2)\div3\}\div4-5]$

①は　15　　②は　$15\div3=5$

③は　$13-5=8$　　④は　$6\times8=48$

⑤は　$48\div4=12$　　⑥は　$12-5=7$

⑦は　$35-7=\mathbf{28}$

9　$2.6-\left(1.2\times2\dfrac{2}{3}\div2\dfrac{2}{5}+1.2\right)$

答え　$\dfrac{1}{15}$

①は　$\dfrac{6}{5}\times\dfrac{8}{3}\div\dfrac{12}{5}=\dfrac{6}{5}\times\dfrac{8}{3}\times\dfrac{5}{12}=\dfrac{4}{3}$

②は　$1\dfrac{1}{3}+1\dfrac{1}{5}=2\dfrac{8}{15}$

③は　$2\dfrac{3}{5}-2\dfrac{8}{15}=2\dfrac{9}{15}-2\dfrac{8}{15}=\dfrac{1}{15}$

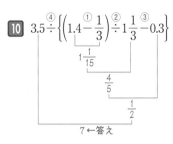

10 $3.5 \div \left\{ \left(1.4 \overset{①}{-} \frac{1}{3} \right) \overset{②}{\div} 1\frac{1}{3} \overset{③}{-} 0.3 \right\}$ ④

$1\frac{1}{15}$

$\frac{4}{5}$

$\frac{1}{2}$

$7 \leftarrow$ 答え

① は $1\frac{2}{5} - \frac{1}{3} = 1\frac{6}{15} - \frac{5}{15} = 1\frac{1}{15}$

② は $1\frac{1}{15} \div 1\frac{1}{3} = \frac{16}{15} \div \frac{4}{3} = \frac{16}{15} \times \frac{3}{4} = \frac{4}{5}$

③ は $\frac{4}{5} - \frac{3}{10} = \frac{8}{10} - \frac{3}{10} = \frac{1}{2}$

④ は $3.5 \div \frac{1}{2} = 3.5 \times 2 = \mathbf{7}$

11 $0.9 \overset{⑤}{-} \left\{ \left(0.6 \overset{②}{-} 1\frac{1}{5} \overset{①}{\div} \frac{5}{6} \right) \overset{③}{\times} 2\frac{11}{27} \overset{④}{-} \frac{7}{30} \right\}$

$\frac{6}{25}$

$\frac{9}{25}$

$\frac{13}{15}$

$\frac{19}{30}$

$\frac{4}{15} \leftarrow$ 答え

① は $\frac{1}{5} \times \frac{6}{5} = \frac{6}{25}$

② は $\frac{3}{5} - \frac{6}{25} = \frac{15}{25} - \frac{6}{25} = \frac{9}{25}$

③ は $\frac{9}{25} \times \frac{65}{27} = \frac{13}{15}$

④ は $\frac{13}{15} - \frac{7}{30} = \frac{26}{30} - \frac{7}{30} = \frac{19}{30}$

⑤ は $\frac{9}{10} - \frac{19}{30} = \frac{27}{30} - \frac{19}{30} = \mathbf{\frac{4}{15}}$

12 $\left\{ \frac{1}{4} \overset{③}{+} 2\frac{1}{42} \overset{②}{\times} \left(\frac{2}{17} \overset{①}{+} 1.2 \right) \right\} \overset{⑧}{\div} \left\{ \left(0.5 \overset{④}{+} \frac{2}{3} \overset{⑤}{-} \frac{5}{6} \right) \overset{⑦}{\times} (2.3 \overset{⑥}{-} 1.6) \right\}$

$1\frac{27}{85}$

$\frac{8}{3}$

$\frac{7}{6}$

$\frac{1}{3}$

0.7

$2\frac{11}{12}$

$\frac{7}{30}$

$12\frac{1}{2} \leftarrow$ 答え

① は $\frac{2}{17} + 1\frac{1}{5} = 1\frac{27}{85}$

② は $\frac{85}{42} \times \frac{112}{85} = \frac{8}{3}$

③ は $\frac{1}{4} + 2\frac{2}{3} = \frac{3}{12} + 2\frac{8}{12} = 2\frac{11}{12}$

④ は $\frac{1}{2} + \frac{2}{3} = \frac{7}{6}$

⑤ は $\frac{7}{6} - \frac{5}{6} = \frac{1}{3}$

⑥ は 0.7

⑦ は $\frac{1}{3} \times \frac{7}{10} = \frac{7}{30}$

⑧ は $\frac{35}{12} \div \frac{7}{30} = \frac{35}{12} \times \frac{30}{7} = \mathbf{12\frac{1}{2}}$

13 $0.495 \times 4.95 + 5.93 \times 4.95 - 2.425 \times 4.95$

$= (0.495 + 5.93 - 2.425) \times 4.95$ ◀ 共通な数でくくる

$= 4 \times 4.95$

$= \mathbf{19.8}$

14 $56 \times 56 - 42 \times 42 + 28 \times 28 - 14 \times 14$

$= 14 \times 14 \times 16 - 14 \times 14 \times 9$

$\quad + 14 \times 14 \times 4 - 14 \times 14 \times 1$ ◀ くふうして共通な数をつくる

$= 14 \times 14 \times (16 - 9 + 4 - 1)$

$= 196 \times 10$

$= \mathbf{1960}$

15 $15 \times 1.24 - 1.5 \times 1.8 - 0.15 \times 86$

$= 15 \times 1.24 - 15 \times 0.1 \times 1.8 - 15 \times 0.01 \times 86$

◀ くふうして共通な数をつくる

$= 15 \times (1.24 - 0.18 - 0.86)$

$= 15 \times 0.2$

$= \mathbf{3}$

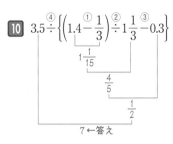

16 $6 \times 3.14 + 5 \times 6.28 - 4 \times 9.42$

$= 6 \times 3.14 + 5 \times \underline{2 \times 3.14} - 4 \times \underline{3 \times 3.14}$ 🖊

$= (6 + 10 - 12) \times 3.14$　　❶ くふうして共通な数
　　　　　　　　　　　　　　　をつくる

$= 4 \times 3.14$

$= \mathbf{12.56}$

17 $\underline{11 \times 7.3} + \underline{11 \times 3.8} + \underline{9 \times 13.7} - \underline{9 \times 2.6}$ 🖊

$= 11 \times (7.3 + 3.8) + 9 \times (13.7 - 2.6)$　❶ くくれる数を
　　　　　　　　　　　　　　　　　　　見つける

$= 11 \times 11.1 + 9 \times 11.1$

$= (11 + 9) \times 11.1$

$= 20 \times 11.1$

$= \mathbf{222}$

18 $6.3 \times 8.9 + 5.7 \times 8.9$

　　　$- 3.9 \times 6.3 - 3.9 \times 5.7$ 🖊

　　　　　　　　❶ くくれる数を見つける

$= (6.3 + 5.7) \times 8.9 - 3.9 \times (6.3 + 5.7)$

$= 12 \times 8.9 - 3.9 \times 12$

$= 12 \times (8.9 - 3.9)$

$= 12 \times 5$

$= \mathbf{60}$

練習問題 5-❶ の答え 問題➡本冊23ページ

1 $\dfrac{2}{3}$　　2 $9\dfrac{1}{3}$　　3 $1\dfrac{3}{5}$

4 2

🖊解き方

1 $1\dfrac{1}{3}\div0.75\times1.25\div3\dfrac{1}{3}$

$=\dfrac{4}{3}\div\dfrac{3}{4}\times1\dfrac{1}{4}🖊\div\dfrac{10}{3}$　← 分数になおす

$=\dfrac{4}{3}\times\dfrac{4}{3}\times\dfrac{5}{4}\times\dfrac{3}{10}$

$=\boldsymbol{\dfrac{2}{3}}$

2 $1.75\div\dfrac{1}{4}\times2\times1\dfrac{1}{2}\div2.25$

$=1\dfrac{3}{4}\div\dfrac{1}{4}\times2\times\dfrac{3}{2}\div2\dfrac{1}{4}🖊$　← 分数になおす

$=\dfrac{7}{4}\times\dfrac{4}{1}\times2\times\dfrac{3}{2}\times\dfrac{4}{9}$

$=\dfrac{28}{3}$

$=\boldsymbol{9\dfrac{1}{3}}$

3 $0.25\div0.125\times0.375\div0.75\div0.625$

$=\dfrac{1}{4}\div\dfrac{1}{8}\times\dfrac{3}{8}\div\dfrac{3}{4}\div\dfrac{5}{8}🖊$　← 分数になおす

$=\dfrac{1}{4}\times\dfrac{8}{1}\times\dfrac{3}{8}\times\dfrac{4}{3}\times\dfrac{8}{5}$

$=\boldsymbol{1\dfrac{3}{5}}$

4 $0.125\times0.5\div\dfrac{1}{24}\div0.375\times0.4\times1.25$

$=\dfrac{1}{8}\times\dfrac{1}{2}\div\dfrac{1}{24}\div\dfrac{3}{8}\times\dfrac{2}{5}\times1\dfrac{1}{4}🖊$　← 分数になおす

$=\dfrac{1}{8}\times\dfrac{1}{2}\times\dfrac{24}{1}\times\dfrac{8}{3}\times\dfrac{2}{5}\times\dfrac{5}{4}$

$=\boldsymbol{2}$

練習問題 5-❷ の答え 問題➡本冊25ページ

1 $\dfrac{19}{28}$　　2 $13\dfrac{1}{2}$　　3 $\dfrac{5}{16}$

4 $\dfrac{23}{30}$

🖊解き方

1 $(0.125\times2.25+0.375\times1.25-0.625\times0.25)$
　　　$\div0.875$

$=\left(\underset{\frac{9}{32}}{\dfrac{1}{8}\overset{①}{\times}2\dfrac{1}{4}}\overset{④}{+}\underset{\frac{15}{32}}{\dfrac{3}{8}\overset{②}{\times}1\dfrac{1}{4}}\overset{④}{-}\underset{\frac{5}{32}}{\dfrac{5}{8}\overset{③}{\times}\dfrac{1}{4}}\right)\overset{⑤}{\div}\dfrac{7}{8}$

　　　　　　　　　　$\underset{\frac{19}{32}}{}$

　　　　　　　　　$\dfrac{19}{28}$ ←答え

①は　$\dfrac{1}{8}\times\dfrac{9}{4}=\dfrac{9}{32}$

②は　$\dfrac{3}{8}\times\dfrac{5}{4}=\dfrac{15}{32}$　　③は　$\dfrac{5}{32}$

④は　$\dfrac{9}{32}+\dfrac{15}{32}-\dfrac{5}{32}=\dfrac{19}{32}$

⑤は　$\dfrac{19}{32}\div\dfrac{7}{8}=\dfrac{19}{32}\times\dfrac{8}{7}=\boldsymbol{\dfrac{19}{28}}$

2 $1.625\times2.2\div0.65\div0.4-1.8\times\left(1.25-1\dfrac{1}{9}\right)$

$=\underset{\frac{55}{4}}{1\dfrac{5}{8}\overset{①}{\times}2\dfrac{1}{5}\overset{①}{\div}\dfrac{13}{20}\overset{①}{\div}\dfrac{2}{5}}\overset{④}{-}\underset{\frac{1}{4}}{1\dfrac{4}{5}\overset{③}{\times}\underset{\frac{5}{36}}{\left(1\dfrac{1}{4}\overset{②}{-}1\dfrac{1}{9}\right)}}$

　　　　　　　　　　$13\dfrac{1}{2}$ ←答え

①は　$\dfrac{13}{8}\times\dfrac{11}{5}\times\dfrac{20}{13}\times\dfrac{5}{2}=\dfrac{55}{4}$

②は　$1\dfrac{9}{36}-1\dfrac{4}{36}=\dfrac{5}{36}$

③は　$\dfrac{9}{5}\times\dfrac{5}{36}=\dfrac{1}{4}$

④は　$\dfrac{55}{4}-\dfrac{1}{4}=\boldsymbol{13\dfrac{1}{2}}$

3 $1.875-\{2.375\times(1.15-0.3\times1.75)\div0.95\}$

$=1\dfrac{7}{8}\overset{④}{-}\left\{2\dfrac{3}{8}\overset{③}{\times}\left(1\dfrac{3}{20}\overset{②}{-}\dfrac{3}{10}\overset{①}{\times}1\dfrac{3}{4}\right)\overset{③}{\div}\dfrac{19}{20}\right\}$

$\dfrac{21}{40}$

$\dfrac{5}{8}$

$\dfrac{25}{16}$

$\dfrac{5}{16}$ ←答え

①は $\dfrac{3}{10}\times\dfrac{7}{4}=\dfrac{21}{40}$

②は $1\dfrac{3}{20}-\dfrac{21}{40}=1\dfrac{6}{40}-\dfrac{21}{40}=\dfrac{5}{8}$

③は $\dfrac{19}{8}\times\dfrac{5}{8}\times\dfrac{20}{19}=\dfrac{25}{16}$

④は $1\dfrac{7}{8}-\dfrac{25}{16}=1\dfrac{14}{16}-\dfrac{25}{16}=\boldsymbol{\dfrac{5}{16}}$

4 $1-[7\div\{0.375\times5+0.875\div0.25$
$\qquad +5\div(1\div0.125)\}]\div5$

$=1\overset{⑨}{-}\left[7\overset{⑦}{\div}\left\{\dfrac{3}{8}\overset{③}{\times}5\overset{⑤}{+}\dfrac{7}{8}\overset{④}{\div}\dfrac{1}{4}\overset{⑥}{+}5\overset{②}{\div}\left(1\overset{①}{\div}\dfrac{1}{8}\right)\right\}\right]\overset{⑧}{\div}5$

$\dfrac{15}{8}$

$\dfrac{7}{2}$

8

$5\dfrac{3}{8}$

$\dfrac{5}{8}$

6

$\dfrac{7}{6}$

$\dfrac{7}{30}$

$\dfrac{23}{30}$ ←答え

①は $1\times\dfrac{8}{1}=8$ ②は $5\div8=\dfrac{5}{8}$

③は $\dfrac{15}{8}$ ④は $\dfrac{7}{8}\times4=\dfrac{7}{2}$

⑤は $1\dfrac{7}{8}+3\dfrac{1}{2}=1\dfrac{7}{8}+3\dfrac{4}{8}=5\dfrac{3}{8}$

⑥は $5\dfrac{3}{8}+\dfrac{5}{8}=6$ ⑦は $7\div6=\dfrac{7}{6}$

⑧は $\dfrac{7}{6}\div5=\dfrac{7}{30}$ ⑨は $1-\dfrac{7}{30}=\boldsymbol{\dfrac{23}{30}}$

覚えておくべき「小数→分数」

11

練習問題 6-❶ の答え 問題➡本冊27ページ

☐1 1017　　☐2 75.2　　☐3 34.5

解き方

☐1 9個の等差数列の和ですから

$$113 \times 9 \diagup = \mathbf{1017}$$

↑ 真ん中の数×個数

☐2 8個の等差数列の和ですから

$$(5.2 + 13.6) \div 2 \times 8 \diagup = \mathbf{75.2}$$

↑ (はじめの数＋終わりの数)÷2×個数

☐3 (　)の中は5個の等差数列の和ですから

$$3.45 \times 5 \diagup \times 2 = \mathbf{34.5}$$

↑ 真ん中の数×個数

練習問題 6-❷ の答え 問題➡本冊29ページ

☐1 111.1　　☐2 21

解き方

☐1 十の位，一の位，小数第一位，小数第二位の

どの位も数の和が

$$2 + 4 + 3 + 1 = 10$$

になっています✏から，求める和は

$$10 \times 11.11 = \mathbf{111.1}$$

☐2 前半の(　)の中で，どの位も数の和が

$$5 + 6 + 3 + 4 = 18$$

後半の(　)の中で，どの位も数の和が

$$7 + 8 + 9 = 24$$

となっています✏から

$$(5436 + 6543 + 3654 + 4365) \div 2222$$
$$+ (789 + 897 + 978) \div 222$$
$$= 18 \times 1111 \div 2222 + 24 \times 111 \div 222$$
$$= 9 \times 2222 \div 2222 + 12 \times 222 \div 222$$
$$= 9 + 12$$
$$= \mathbf{21}$$

練習問題 **7-❶** の答え   問題➡本冊31ページ

1 $\dfrac{1}{10}$ **2** $\dfrac{6}{7}$ **3** $\dfrac{12}{13}$

4 $\dfrac{15}{34}$

✏️ **解き方**

1 $\dfrac{1}{5\times6}+\dfrac{1}{6\times7}+\dfrac{1}{7\times8}+\dfrac{1}{8\times9}+\dfrac{1}{9\times10}$

$=\dfrac{1}{5}-\dfrac{1}{6}+\dfrac{1}{6}-\dfrac{1}{7}+\dfrac{1}{7}-\dfrac{1}{8}+\dfrac{1}{8}-\dfrac{1}{9}+\dfrac{1}{9}-\dfrac{1}{10}$

$=\dfrac{1}{5}-\dfrac{1}{10}$

$=\dfrac{1}{10}$

2 $\dfrac{1}{2}+\dfrac{1}{6}+\dfrac{1}{12}+\dfrac{1}{20}+\dfrac{1}{30}+\dfrac{1}{42}$

$=\dfrac{1}{1\times2}+\dfrac{1}{2\times3}+\dfrac{1}{3\times4}+\dfrac{1}{4\times5}+\dfrac{1}{5\times6}+\dfrac{1}{6\times7}$

$=\dfrac{1}{1}-\dfrac{1}{2}+\dfrac{1}{2}-\dfrac{1}{3}+\cdots+\dfrac{1}{6}-\dfrac{1}{7}$

$=\dfrac{1}{1}-\dfrac{1}{7}$

$=\dfrac{6}{7}$

3 $\dfrac{2}{1\times3}+\dfrac{2}{3\times5}+\dfrac{2}{5\times7}+\dfrac{2}{7\times9}+\dfrac{2}{9\times11}$

$\quad+\dfrac{2}{11\times13}$

$=\dfrac{1}{1}-\dfrac{1}{3}+\dfrac{1}{3}-\dfrac{1}{5}+\cdots+\dfrac{1}{11}-\dfrac{1}{13}$

$=\dfrac{1}{1}-\dfrac{1}{13}$

$=\dfrac{12}{13}$

4 $\dfrac{1}{2\times3}+\dfrac{2}{3\times5}+\dfrac{3}{5\times8}+\dfrac{4}{8\times12}+\dfrac{5}{12\times17}$

$=\dfrac{1}{2}-\dfrac{1}{3}+\dfrac{1}{3}-\dfrac{1}{5}+\dfrac{1}{5}-\dfrac{1}{8}+\dfrac{1}{8}-\dfrac{1}{12}+\dfrac{1}{12}-\dfrac{1}{17}$

$=\dfrac{1}{2}-\dfrac{1}{17}$

$=\dfrac{15}{34}$

$\boxed{1}$ $\dfrac{1}{7}$　　$\boxed{2}$ $\dfrac{2}{13}$　　$\boxed{3}$ $\dfrac{11}{144}$

✎解き方

$\boxed{1}$ $\dfrac{1}{3\times5}+\dfrac{1}{5\times7}+\dfrac{1}{7\times9}+\cdots+\dfrac{1}{19\times21}$

$=\left(\dfrac{1}{3}-\dfrac{1}{5}\right)\times\dfrac{1}{2}+\left(\dfrac{1}{5}-\dfrac{1}{7}\right)\times\dfrac{1}{2}+\cdots$

$\qquad+\left(\dfrac{1}{19}-\dfrac{1}{21}\right)\times\dfrac{1}{2}$

$=\left(\dfrac{1}{3}-\dfrac{1}{5}+\dfrac{1}{5}-\dfrac{1}{7}+\cdots+\dfrac{1}{19}-\dfrac{1}{21}\right)\times\dfrac{1}{2}$

$=\left(\dfrac{1}{3}-\dfrac{1}{21}\right)\times\dfrac{1}{2}$

$=\dfrac{1}{7}$

$\boxed{2}$ $\dfrac{1}{2\times5}+\dfrac{1}{5\times8}+\dfrac{1}{8\times11}+\dfrac{1}{11\times14}+\cdots$

$\qquad+\dfrac{1}{23\times26}$

$=\left(\dfrac{1}{2}-\dfrac{1}{5}\right)\times\dfrac{1}{3}+\left(\dfrac{1}{5}-\dfrac{1}{8}\right)\times\dfrac{1}{3}+\cdots$

$\qquad+\left(\dfrac{1}{23}-\dfrac{1}{26}\right)\times\dfrac{1}{3}$

$=\left(\dfrac{1}{2}-\dfrac{1}{5}+\dfrac{1}{5}-\dfrac{1}{8}+\cdots+\dfrac{1}{23}-\dfrac{1}{26}\right)\times\dfrac{1}{3}$

$=\left(\dfrac{1}{2}-\dfrac{1}{26}\right)\times\dfrac{1}{3}$

$=\dfrac{2}{13}$

$\boxed{3}$ $\dfrac{1}{2\times3\times4}+\dfrac{1}{3\times4\times5}+\dfrac{1}{4\times5\times6}+\cdots$

$\qquad+\dfrac{1}{7\times8\times9}$

$=\left(\dfrac{1}{2\times3}-\dfrac{1}{3\times4}\right)\times\dfrac{1}{2}+\left(\dfrac{1}{3\times4}-\dfrac{1}{4\times5}\right)\times\dfrac{1}{2}$

$\qquad+\cdots+\left(\dfrac{1}{7\times8}-\dfrac{1}{8\times9}\right)\times\dfrac{1}{2}$

$=\left(\dfrac{1}{2\times3}-\dfrac{1}{3\times4}+\dfrac{1}{3\times4}-\dfrac{1}{4\times5}+\cdots+\dfrac{1}{7\times8}\right.$

$\qquad\left.-\dfrac{1}{8\times9}\right)\times\dfrac{1}{2}$

$=\left(\dfrac{1}{2\times3}-\dfrac{1}{8\times9}\right)\times\dfrac{1}{2}$

$=\left(\dfrac{1}{6}-\dfrac{1}{72}\right)\times\dfrac{1}{2}$

$=\dfrac{11}{144}$

7日目
差に分けて打ち消し合う

1 3	**2** 6	**3** $1\frac{1}{18}$
4 $3\frac{1}{3}$	**5** 7	**6** $2\frac{2}{13}$
7 245	**8** 194.4	**9** 2331
10 355.52	**11** 1	**12** $\frac{3}{10}$
13 $\frac{4}{17}$	**14** $\frac{16}{195}$	

解き方

1 $0.75 \div 0.625 \times 1.25 \div 0.5$

$= \dfrac{3}{4} \div \dfrac{5}{8} \times 1\dfrac{1}{4} \div \dfrac{1}{2}$　　◀分数になおす

$= \dfrac{3}{4} \times \dfrac{8}{5} \times \dfrac{5}{4} \times \dfrac{2}{1}$

$= \mathbf{3}$

2 $2\dfrac{2}{3} \times 2.25 \div 7.5 + 0.65 \div 0.125$

$= \underset{\underset{\underset{6 \leftarrow 答え}{}}{\underset{\frac{4}{5}}{}}}{\dfrac{8}{3} \overset{①}{\times} 2\dfrac{1}{4} \overset{①}{\div} 7\dfrac{1}{2}} + \underset{\underset{\frac{26}{5}}{}}{\dfrac{13}{20} \overset{②}{\div} \dfrac{1}{8}}$

①は $\dfrac{8}{3} \times \dfrac{9}{4} \times \dfrac{2}{15} = \dfrac{4}{5}$

②は $\dfrac{13}{20} \times \dfrac{8}{1} = \dfrac{26}{5}$　　③は $\dfrac{4}{5} + \dfrac{26}{5} = \mathbf{6}$

3 $\left(1.5 - \dfrac{2}{3}\right) \div 0.625 - 0.25 \times 1\dfrac{1}{9}$

$= \left(1\dfrac{1}{2} \overset{①}{-} \dfrac{2}{3}\right) \overset{②}{\div} \dfrac{5}{8} \overset{④}{-} \dfrac{1}{4} \overset{③}{\times} 1\dfrac{1}{9}$

①は $1\dfrac{3}{6} - \dfrac{4}{6} = \dfrac{5}{6}$

②は $\dfrac{5}{6} \div \dfrac{5}{8} = \dfrac{5}{6} \times \dfrac{8}{5} = 1\dfrac{1}{3}$

③は $\dfrac{1}{4} \times \dfrac{10}{9} = \dfrac{5}{18}$

④は $1\dfrac{1}{3} - \dfrac{5}{18} = 1\dfrac{6}{18} - \dfrac{5}{18} = \mathbf{1\dfrac{1}{18}}$

4 $\left(0.875 \times 1\dfrac{1}{3} - 0.25\right) \div 0.55 \div \left(1.15 \times \dfrac{10}{23}\right)$

$= \left(\dfrac{7}{8} \overset{①}{\times} \dfrac{4}{3} \overset{②}{-} \dfrac{1}{4}\right) \overset{④}{\div} \dfrac{11}{20} \overset{④}{\div} \left(1\dfrac{3}{20} \overset{③}{\times} \dfrac{10}{23}\right)$

$3\dfrac{1}{3} \leftarrow$ 答え

①は $1\dfrac{1}{6}$

②は $1\dfrac{1}{6} - \dfrac{1}{4} = 1\dfrac{2}{12} - \dfrac{3}{12} = \dfrac{11}{12}$

③は $\dfrac{23}{20} \times \dfrac{10}{23} = \dfrac{1}{2}$

④は $\dfrac{11}{12} \div \dfrac{11}{20} \div \dfrac{1}{2} = \dfrac{11}{12} \times \dfrac{20}{11} \times \dfrac{2}{1} = \mathbf{3\dfrac{1}{3}}$

5 $16 \times 0.625 + \dfrac{21}{4} \div 0.875 - 24 \times 0.375$

$= 16 \overset{①}{\times} \dfrac{5}{8} + \dfrac{21}{4} \overset{②}{\div} \dfrac{7}{8} \overset{④}{-} 24 \overset{③}{\times} \dfrac{3}{8}$

$7 \leftarrow$ 答え

①は 10　　②は $\dfrac{21}{4} \times \dfrac{8}{7} = 6$　　③は 9

④は $10 + 6 = 16$　　⑤は $16 - 9 = \mathbf{7}$

6 $\left(3.75 - 2\dfrac{7}{16}\right) \div 0.75 \div \left(2.125 - 1\dfrac{5}{16}\right)$

$= \left(3\dfrac{3}{4} \overset{①}{-} 2\dfrac{7}{16}\right) \overset{③}{\div} \dfrac{3}{4} \overset{③}{\div} \left(2\dfrac{1}{8} \overset{②}{-} 1\dfrac{5}{16}\right)$

$2\dfrac{2}{13} \leftarrow$ 答え

①は $3\dfrac{12}{16} - 2\dfrac{7}{16} = 1\dfrac{5}{16}$

②は $2\dfrac{2}{16} - 1\dfrac{5}{16} = \dfrac{13}{16}$

③は $1\dfrac{5}{16} \div \dfrac{3}{4} \div \dfrac{13}{16} = \dfrac{21}{16} \times \dfrac{4}{3} \times \dfrac{16}{13} = \mathbf{2\dfrac{2}{13}}$

7 $62+53+44+35+26+17+8$

$=35\times7$ ← 真ん中の数×個数

$=\mathbf{245}$

8 $16.6+18.8+21+23.2+25.4+27.6+29.8+32$

$=(16.6+32)\div2\times8$ ← （はじめの数＋終わりの数）÷2
$\times$個数

$=\mathbf{194.4}$

9 どの位も数の和が 21 になっていますから，
求める和は

$\qquad 21\times111=\mathbf{2331}$

10 どの位も数の和が 32 になっていますから，
求める和は

$\qquad 32\times11.11=\mathbf{355.52}$

11 前半の（ ）の中ではどの位も数の和が 20，
後半の（ ）の中ではどの位も数の和が 15 にな
っていますから

$\qquad (1379+7193+9731+3917)\div5555$

$\qquad\quad -(258+825+582)\div555$

$\qquad =20\times1111\div5555-15\times111\div555$

$\qquad =4\times5555\div5555-3\times555\div555$

$\qquad =4-3$

$\qquad =\mathbf{1}$

12 $\dfrac{0.36}{1\times2}+\dfrac{0.36}{2\times3}+\dfrac{0.36}{3\times4}+\dfrac{0.36}{4\times5}+\dfrac{0.36}{5\times6}$

$=\left(\dfrac{1}{1\times2}+\dfrac{1}{2\times3}+\dfrac{1}{3\times4}+\dfrac{1}{4\times5}+\dfrac{1}{5\times6}\right)\times0.36$

$=\left(\dfrac{1}{1}-\dfrac{1}{2}+\dfrac{1}{2}-\cdots+\dfrac{1}{5}-\dfrac{1}{6}\right)\times\dfrac{9}{25}$

$=\left(\dfrac{1}{1}-\dfrac{1}{6}\right)\times\dfrac{9}{25}$

$=\dfrac{5}{6}\times\dfrac{9}{25}$

$=\mathbf{\dfrac{3}{10}}$

13 $\dfrac{1}{5}+\dfrac{1}{45}+\dfrac{1}{117}+\dfrac{1}{221}$

$=\dfrac{1}{1\times5}+\dfrac{1}{5\times9}+\dfrac{1}{9\times13}+\dfrac{1}{13\times17}$

$=\left(\dfrac{1}{1}-\dfrac{1}{5}\right)\times\dfrac{1}{4}+\left(\dfrac{1}{5}-\dfrac{1}{9}\right)\times\dfrac{1}{4}+\left(\dfrac{1}{9}-\dfrac{1}{13}\right)\times\dfrac{1}{4}$

$\qquad +\left(\dfrac{1}{13}-\dfrac{1}{17}\right)\times\dfrac{1}{4}$

$=\left(\dfrac{1}{1}-\dfrac{1}{5}+\dfrac{1}{5}-\cdots+\dfrac{1}{13}-\dfrac{1}{17}\right)\times\dfrac{1}{4}$

$=\left(\dfrac{1}{1}-\dfrac{1}{17}\right)\times\dfrac{1}{4}$

$=\dfrac{16}{17}\times\dfrac{1}{4}$

$=\mathbf{\dfrac{4}{17}}$

14 $\dfrac{1}{1\times3\times5}+\dfrac{1}{3\times5\times7}+\dfrac{1}{5\times7\times9}+\cdots$

$\qquad +\dfrac{1}{11\times13\times15}$

$=\left(\dfrac{1}{1\times3}-\dfrac{1}{3\times5}\right)\times\dfrac{1}{4}+\left(\dfrac{1}{3\times5}-\dfrac{1}{5\times7}\right)\times\dfrac{1}{4}$

$\qquad +\cdots+\left(\dfrac{1}{11\times13}-\dfrac{1}{13\times15}\right)\times\dfrac{1}{4}$

$=\left(\dfrac{1}{1\times3}-\dfrac{1}{3\times5}+\dfrac{1}{3\times5}\right.$

$\qquad \left. -\cdots+\dfrac{1}{11\times13}-\dfrac{1}{13\times15}\right)\times\dfrac{1}{4}$

$=\left(\dfrac{1}{1\times3}-\dfrac{1}{13\times15}\right)\times\dfrac{1}{4}$

$=\dfrac{64}{195}\times\dfrac{1}{4}$

$=\mathbf{\dfrac{16}{195}}$

問題➡本冊39ページ

練習問題 9-❶ の答え

1 18	**2** 45	**3** 26
4 8	**5** 156	**6** 31

解き方

1 □＝52−34＝**18**

2 □＝18＋27＝**45**

3 □＝42−16＝**26**

4 □＝192÷24＝**8**

5 □＝12×13＝**156**

6 □＝527÷17＝**31**

問題➡本冊41ページ

練習問題 9-❷ の答え

1 10	**2** $\frac{3}{10}$	**3** $1\frac{3}{8}$

解き方

1
$$3.2+□×\frac{1}{4}÷3\frac{1}{8}=4$$

①は　$4−3.2=0.8$

$$□=0.8×3\frac{1}{8}÷\frac{1}{4}=\frac{4}{5}×\frac{25}{8}×\frac{4}{1}=\textbf{10}$$

2
$$4.5×\left(\frac{5}{6}−□\right)−0.8=1.6$$

①は　$1.6+0.8=2.4$

②は　$2.4÷4.5=2\frac{2}{5}÷4\frac{1}{2}=\frac{12}{5}×\frac{2}{9}=\frac{8}{15}$

□は　$\frac{5}{6}−\frac{8}{15}=\frac{25}{30}−\frac{16}{30}=\textbf{\frac{3}{10}}$

3
$$\frac{22}{39}×\left(2.2−1.75÷□−\frac{6}{11}\right)÷\frac{7}{26}=0.8$$

①は　$0.8×\frac{7}{26}=\frac{4}{5}×\frac{7}{26}=\frac{14}{65}$

②は　$\frac{14}{65}÷\frac{22}{39}=\frac{14}{65}×\frac{39}{22}=\frac{21}{55}$

③は　$\frac{21}{55}+\frac{6}{11}=\frac{21}{55}+\frac{30}{55}=\frac{51}{55}$

④は　$2.2−\frac{51}{55}=2\frac{1}{5}−\frac{51}{55}=2\frac{11}{55}−\frac{51}{55}=1\frac{3}{11}$

□は　$1.75÷1\frac{3}{11}=\frac{7}{4}×\frac{11}{14}=\textbf{1\frac{3}{8}}$

10日目

面積図に整理する計算

練習問題 10-❶ の答え 問題➡本冊43ページ

1 2136 　　**2** 2483 　　**3** 40400

解き方

1 右の面積図で, 色
がついた部分の面積
になりますから
$1 \times 2013 + 122 \times 1$
　　$+ 1 \times 1$
$= \mathbf{2136}$

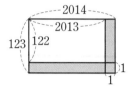

2 右の面積図で, 色
がついた部分の面積
になりますから
$2 \times 794 + 1 \times 893$
　　$+ 2 \times 1$
　$= \mathbf{2483}$

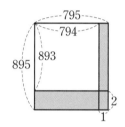

3 右の面積図で, 色
がついた部分の面積
になりますから
$10 \times 2015 \times 2$
　　$+ 10 \times 10$
　$= \mathbf{40400}$

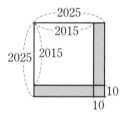

練習問題 10-❷ の答え 問題➡本冊45ページ

1 281 　　**2** 4 　　**3** 367800

4 33333

解き方

1 右の面積図で, 色
がついた部分の面積
の差(㋐－㋑)になり
ますから
$1 \times 996 - 715 \times 1$
$= \mathbf{281}$

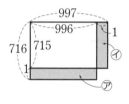

2 右の面積図で, 色
がついた部分の面積
の差(㋐－㋑)になり
ますから
$2 \times 3579 - 3577 \times 2$
$= 2 \times (3579 - 3577)$
$= 2 \times 2 = \mathbf{4}$

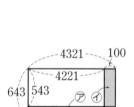

3 右の面積図で, 色
がついた部分の面積
の差(㋐－㋑)になり
ますから
$100 \times 4221 - 543 \times 100$
$= 100 \times (4221 - 543)$
$= 100 \times 3678 = \mathbf{367800}$

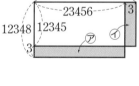

4 右の面積図で,
色がついた部分
の面積の差
(㋐－㋑)になり
ますから
$3 \times 23456 - 12345 \times 3$
$= 3 \times (23456 - 12345)$
$= 3 \times 11111 = \mathbf{33333}$

練習問題 11-❶ の答え　問題➡本冊47ページ

| 1 | 65.5 | 2 | 82000 | 3 | 35.5 |

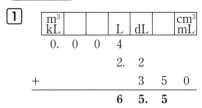

解き方

1

m³ kL		L	dL	cm³ mL
0. 0 0 4				
		2. 2		
+			3 5 0	
6	5.	5		

2

m³ kL		L	dL	cm³ mL
3 6 2 0				
+ 3 5 2 0				
3 8 8 2				← まず先にたし算だけ計算する
− 3. 8				
8 2 0 0 0				

3

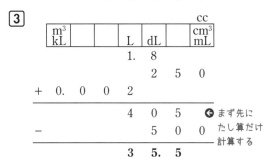

m³ kL		L	dL	cc cm³ mL
1. 8				
2 5 0				
+ 0. 0 0 2				
4 0 5				← まず先にたし算だけ計算する
− 5 0 0				
3 5. 5				

練習問題 11-❷ の答え　問題➡本冊49ページ

| 1 | 0.0388 | 2 | 4940 | 3 | 7353 |

解き方

1

km²	ha	a	m²	cm²
5 3 6				
+ 2. 8 4				
8 2 0				← まず先にたし算だけ計算する
− 4 3 2 0 0				
0. 0 3 8 8				

2

km²	ha	a	m²	cm²
4 7 0 0 0 0				
4 0				
+ 3				
5 0 4				← まず先にたし算だけ計算する
− 0. 0 1				
4 9 4 0				

3

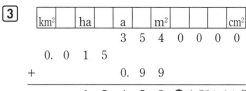

km²	ha	a	m²	cm²
3 5 4 0 0 0 0				
0. 0 1 5				
+ 0. 9 9				
1 5 4 5 3				← まず先にたし算だけ計算する
− 0. 8 1				
7 3 5 3				

1 15	**2** 16	**3** 1.25	
4 6	**5** 340	**6** 12	
7 $\dfrac{2}{7}$	**8** $\dfrac{4}{5}$	**9** $1\dfrac{1}{2}$	
10 $\dfrac{11}{24}$	**11** 2660	**12** 665	
13 130	**14** 102.09	**15** 3364	
16 836.09			

1 $27-(\square+9)\div 2=15$

①は $27-15=12$　　②は $12\times 2=24$

$\square$は $24-9=\mathbf{15}$

2 $(56-\square\times 1.5)\div 1.6=20$

①は $20\times 1.6=32$　　②は $56-32=24$

$\square$は $24\div 1.5=\mathbf{16}$

3 $25+18\div(2-\square)=49$

①は $49-25=24$　　②は $18\div 24=0.75$

$\square$は $2-0.75=\mathbf{1.25}$

4 $100-(90\div\square+8\times 8)=21$

①は $100-21=79$　　②は $79-64=15$

$\square$は $90\div 15=\mathbf{6}$

5 $10-\{90-(80+\square)\div 7\}\times\dfrac{1}{6}=5$

①は $10-5=5$　　②は $5\div\dfrac{1}{6}=30$

③は $90-30=60$　　④は $60\times 7=420$

$\square$は $420-80=\mathbf{340}$

6 $\left(56-\square\times 1\dfrac{8}{9}\right)\div 1\dfrac{2}{3}+3.8=23.8$

①は $23.8-3.8=20$

②は $20\times 1\dfrac{2}{3}=20\times\dfrac{5}{3}=33\dfrac{1}{3}$

③は $56-33\dfrac{1}{3}=22\dfrac{2}{3}$

$\square$は $22\dfrac{2}{3}\div 1\dfrac{8}{9}=\dfrac{68}{3}\times\dfrac{9}{17}=\mathbf{12}$

7 $\dfrac{1}{2}-\dfrac{2}{3}\div\left(7-3\dfrac{1}{3}\div\square\times\dfrac{2}{5}-\dfrac{1}{3}\right)=\dfrac{1}{6}$

①は $\dfrac{1}{2}-\dfrac{1}{6}=\dfrac{1}{3}$　　②は $\dfrac{2}{3}\div\dfrac{1}{3}=2$

③は $2+\dfrac{1}{3}=2\dfrac{1}{3}$　　④は $7-2\dfrac{1}{3}=4\dfrac{2}{3}$

⑤は $4\dfrac{2}{3}\div\dfrac{2}{5}=\dfrac{14}{3}\times\dfrac{5}{2}=\dfrac{35}{3}$

$\square$は $3\dfrac{1}{3}\div\dfrac{35}{3}=\dfrac{10}{3}\times\dfrac{3}{35}=\mathbf{\dfrac{2}{7}}$

8 $0.125\times\left(3\dfrac{1}{5}\div\square-1\dfrac{1}{3}\right)\div\dfrac{1}{9}=3$

①は $3\times\dfrac{1}{9}=\dfrac{1}{3}$

②は $\dfrac{1}{3}\div\dfrac{1}{8}=\dfrac{1}{3}\times\dfrac{8}{1}=2\dfrac{2}{3}$

③は $2\dfrac{2}{3}+1\dfrac{1}{3}=4$

$\square$は $3\dfrac{1}{5}\div 4=\dfrac{16}{5}\times\dfrac{1}{4}=\mathbf{\dfrac{4}{5}}$

9 $5.6\div 1.6\times\left(1\dfrac{1}{4}\div\square-3\dfrac{4}{7}\div 6\dfrac{1}{4}\right)=\dfrac{11}{12}$

$5.6\div 1.6=3.5$ より,

①は $\dfrac{11}{12} \div 3.5 = \dfrac{11}{12} \div \dfrac{7}{2} = \dfrac{11}{12} \times \dfrac{2}{7} = \dfrac{11}{42}$

$3\dfrac{4}{7} \div 6\dfrac{1}{4} = \dfrac{25}{7} \div \dfrac{25}{4} = \dfrac{25}{7} \times \dfrac{4}{25} = \dfrac{4}{7}$ より,

②は $\dfrac{11}{42} + \dfrac{4}{7} = \dfrac{11}{42} + \dfrac{24}{42} = \dfrac{5}{6}$

□は $1\dfrac{1}{4} \div \dfrac{5}{6} = \dfrac{5}{4} \times \dfrac{6}{5} = \mathbf{1\dfrac{1}{2}}$

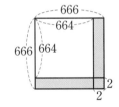

10 $\left\{\left(\dfrac{1}{3} - \dfrac{1}{5}\right) \times 24 - \dfrac{11}{10} \div \square\right\} \div \dfrac{2}{5} + 1.875 \div 1.5 = 3\dfrac{1}{4}$

$1.875 \div 1.5 = 1\dfrac{7}{8} \div 1\dfrac{1}{2} = \dfrac{15}{8} \times \dfrac{2}{3} = 1\dfrac{1}{4}$ より,

①は $3\dfrac{1}{4} - 1\dfrac{1}{4} = 2$　　②は $2 \times \dfrac{2}{5} = \dfrac{4}{5}$

$\left(\dfrac{1}{3} - \dfrac{1}{5}\right) \times 24 = \dfrac{2}{15} \times 24 = \dfrac{16}{5}$ より,

③は $\dfrac{16}{5} - \dfrac{4}{5} = \dfrac{12}{5}$

□は $\dfrac{11}{10} \div \dfrac{12}{5} = \dfrac{11}{10} \times \dfrac{5}{12} = \mathbf{\dfrac{11}{24}}$

11 右の面積図で, 色がついた部分の面積になりますから

$2 \times 664 \times 2 + 2 \times 2$

$= \mathbf{2660}$

12 右の面積図で, 色がついた部分の面積の差(④-⑦)になりますから

$762 \times 5 - 5 \times 629$

$= (762 - 629) \times 5$

$= 133 \times 5$

$= \mathbf{665}$

13

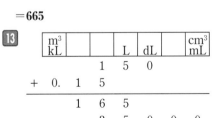

m³ / kL		L	dL		cm³ / mL
		1	5	0	
+ 0.	1	5			
	1	6	5		
−	3	5	0	0	0
	1	3	**0**		

14 $0.05\,\text{m}^3 \times 0.2 = 0.01\,\text{m}^3$

$0.28\,\text{L} \times 2 = 0.56\,\text{L}$

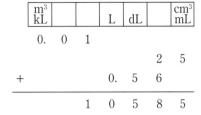

m³ / kL			L	dL		cc / cm³ / mL
0.	0	1				
				2	5	
+		0.	5	6		
	1	0	5	8	5	
−		3	7	6		
1	**0**	**2.**	**0**	**9**		

15

km²	ha	a	m²			cm²
	2	4	0	0	0	
	1.	3	7	6		
+ 0.	3	2	2	4		
3	**3**	**6**	**4.**	**0**		

16

km²	ha	a	m²			cm²
	3.	5	6			
0.	0	4	8			
+		1	8.	5		
	8	3	6	1	8	5
−		9	5	0	0	0
8	**3**	**6.**	**0**	**9**	**0**	

9日目~11日目の復習

21

① 21　　② 111105　　③ $\dfrac{4}{7}$

④ 4　　⑤ $\dfrac{2}{3}$　　⑥ 845

⑦ 1226　　⑧ 21　　⑨ $\dfrac{2}{3}$

⑩ 1005　　⑪ 7　　⑫ $\dfrac{2}{9}$

⑬ $3\dfrac{4}{7}$　　⑭ 1　　⑮ 8000　　⑯ 20

解き方

① $(11+18+25+32+39+46+53)$
$\quad -(50+43+36+29+22+15+8)$
$=\underline{(11-8)}+\underline{(18-15)}+\cdots$
$\quad +\underline{(46-43)}+\underline{(53-50)}$　◀（　）内はすべて同じ数
$=3\times7$
$=\mathbf{21}$

② $9+99+999+9999+99999$
$=\underline{10-1}+\underline{100-1}+\underline{1000-1}+\underline{10000-1}$
$\quad +\underline{100000-1}$　↑ キリのよい数で考える
$=111110-5$
$=\mathbf{111105}$

③ $\dfrac{9}{10}\div\dfrac{7}{8}\times\dfrac{5}{6}\div\dfrac{3}{4}\times\dfrac{1}{2}$

$=\dfrac{9}{10}\times\dfrac{8}{7}\times\dfrac{5}{6}\times\dfrac{4}{3}\times\dfrac{1}{2}$　◀ ここで約分

$=\dfrac{4}{7}$

④ $\{\overset{③}{33}\times\overset{④}{5}-(\overset{①}{89+28})\div\overset{②}{9}\}\div\overset{⑤}{76}\times\overset{⑥}{2}$
165 117 13 152 2
4←答え

①は　117　　②は　$117\div9=13$　　③は　165
④は　$165-13=152$　　⑤は　$152\div76=2$
⑥は　$2\times2=\mathbf{4}$

⑤ $\left\{\left(\overset{①}{3\dfrac{1}{6}-1.25}\right)\overset{②}{\times\dfrac{51}{115}}\overset{③}{-0.17}\right\}\overset{④}{\div1.02}$
$1\dfrac{11}{12}$
$\dfrac{17}{20}$
$\dfrac{17}{25}$
$\dfrac{2}{3}$←答え

①は　$3\dfrac{1}{6}-1\dfrac{1}{4}=3\dfrac{2}{12}-1\dfrac{3}{12}=1\dfrac{11}{12}$

②は　$1\dfrac{11}{12}\times\dfrac{51}{115}=\dfrac{23}{12}\times\dfrac{51}{115}=\dfrac{17}{20}$

③は　$\dfrac{17}{20}-0.17=\dfrac{17}{20}-\dfrac{17}{100}=\dfrac{85}{100}-\dfrac{17}{100}=\dfrac{17}{25}$

④は　$\dfrac{17}{25}\div1.02=\dfrac{17}{25}\div1\dfrac{1}{50}=\dfrac{17}{25}\times\dfrac{50}{51}=\mathbf{\dfrac{2}{3}}$

⑥ $13\times13+26\times26+39\times39+52\times52-65\times65$
$=13\times13\times1+13\times13\times4+13\times13\times9$
$\quad +13\times13\times16-13\times13\times25$　◀ くふうして共通な数をつくる
$=13\times13\times(1+4+9+16-25)$
$=169\times5$
$=\mathbf{845}$

⑦ $0.613\times90+6.13+61.3\times9+613$
$=6.13\times9+6.13+6.13\times90+6.13\times100$　◀ くふうして共通な数をつくる
$=6.13\times(9+1+90+100)$
$=6.13\times200$
$=\mathbf{1226}$

⑧ $1.377\times2.518+1.623\times2.518$
$\quad +1.623\times4.482+1.377\times4.482$
↑ くくれる数を見つける
$=(1.377+1.623)\times2.518+(1.623+1.377)\times4.482$
$=3\times2.518+3\times4.482$
$=3\times(2.518+4.482)$
$=3\times7$
$=\mathbf{21}$

⑨ $\left(1\dfrac{1}{3}-\dfrac{5}{12}\div0.375+\dfrac{5}{6}\right)\div0.95-\dfrac{4}{9}$

$=\left(1\dfrac{1}{3}-\overset{②}{\dfrac{5}{12}}\div\overset{①}{\dfrac{3}{8}}+\overset{③}{\dfrac{5}{6}}\right)\overset{④}{\div}\dfrac{19}{20}\overset{⑤}{-}\dfrac{4}{9}$

$1\dfrac{1}{9}$

$\dfrac{2}{9}$

$\dfrac{19}{18}$

$\dfrac{10}{9}$

$\dfrac{2}{3}$ ←答え

①は $\dfrac{5}{12}\times\dfrac{8}{3}=1\dfrac{1}{9}$

②は $1\dfrac{1}{3}-1\dfrac{1}{9}=1\dfrac{3}{9}-1\dfrac{1}{9}=\dfrac{2}{9}$

③は $\dfrac{2}{9}+\dfrac{5}{6}=\dfrac{4}{18}+\dfrac{15}{18}=\dfrac{19}{18}$

④は $\dfrac{19}{18}\div\dfrac{19}{20}=\dfrac{19}{18}\times\dfrac{20}{19}=\dfrac{10}{9}$

⑤は $\dfrac{10}{9}-\dfrac{4}{9}=\boldsymbol{\dfrac{2}{3}}$

⑩ $42+55+68+81+94+107+120+133+146$
$\quad+159$

$=(42+159)\div2\times10$

$=\boldsymbol{1005}$　↑（はじめの数＋終わりの数）÷2×個数

⑪ 前半の（ ）の中で，どの位も数の和が
$\underline{1+2+5+7=15}$
後半の（ ）の中で，どの位も数の和が
$\underline{3+4+1=8}$
となっています ✏ から

$(1257+2571+5712+7125)\div1111$
$\quad-(341+413+134)\div111$
$=15\times1111\div1111-8\times111\div111$
$=15-8$
$=7$

⑫ $\dfrac{5}{4\times9}+\dfrac{7}{9\times16}+\dfrac{9}{16\times25}+\dfrac{11}{25\times36}$

$=\dfrac{1}{4}-\cancel{\dfrac{1}{9}}+\cancel{\dfrac{1}{9}}-\cancel{\dfrac{1}{16}}+\cancel{\dfrac{1}{16}}-\cancel{\dfrac{1}{25}}+\cancel{\dfrac{1}{25}}-\dfrac{1}{36}$

$=\dfrac{1}{4}-\dfrac{1}{36}$

$=\boldsymbol{\dfrac{2}{9}}$

⑬ $7\dfrac{1}{3}\div\underbrace{(1.2\times\overbrace{\boxed{}+2}^{②})-0.75}_{③}\overset{①}{}=\dfrac{5}{12}$

①は $\dfrac{5}{12}+\dfrac{3}{4}=\dfrac{5}{12}+\dfrac{9}{12}=\dfrac{7}{6}$

②は $7\dfrac{1}{3}\div\dfrac{7}{6}=\dfrac{22}{3}\times\dfrac{6}{7}=\dfrac{44}{7}$

③は $\dfrac{44}{7}-2=\dfrac{30}{7}$

$\boxed{}$は $\dfrac{30}{7}\div1.2=\dfrac{30}{7}\div\dfrac{6}{5}=\dfrac{30}{7}\times\dfrac{5}{6}=\boldsymbol{3\dfrac{4}{7}}$

⑭ 右の面積図で，色がついた部分の面積の差（⑦−⑦）になりますから

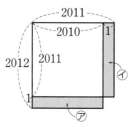

$2011\times1-1\times2010$
$=\boldsymbol{1}$

⑮
m³ kL			L	dL	cm³ mL
1	3	8	0		
+	1	2	8	0	
1	5	0	8		
−	1.	5			
		8	**0**	**0**	**0**

⑯
km²		ha		a		m²			cm²
		4	2	0	0	0			
+	2	5	3	0					
	2	9	5	0					
−	0.	0	9	5					
	2	**0**							

① 600　② 72　③ 33990

④ $\dfrac{1}{32}$　⑤ $5\dfrac{3}{4}$　⑥ 7

⑦ $\dfrac{11}{18}$　⑧ 13　⑨ 288

⑩ 31.4　⑪ 8000　⑫ 2012

⑬ 217　⑭ 49995　⑮ 4

⑯ $\dfrac{5}{16}$　⑰ $\dfrac{3}{4}$　⑱ 8890

⑲ 824.9　⑳ 2500

✎ 解き方

① $543+432+321-332-243-121$

$=(543-243)+(432-332)+(321-121)$

⟶ 下2けたが同じ数でまとめる

$=300+100+200$

$=\mathbf{600}$

② $(98+87+76+65+54+43+32+21)$

$\quad-(12+23+34+45+56+67+78+89)$

$=(98-89)+(87-78)+\cdots+(32-23)$

$\quad+(21-12)$　← ( ) 内はすべて同じ数

$=9\times8$

$=\mathbf{72}$

③ $6996+7997+8998+9999$

$=7000-4+8000-3+9000-2+10000-1$

⟶ キリのよい数で考える

$=34000-10$

$=\mathbf{33990}$

④ $1\times2\div4\times8\div16\times32\div64\times128\div256\times512$

$\quad\div1024$

$=\dfrac{1\times2\times8\times32\times128\times512}{4\times16\times64\times256\times1024}$　← ここで約分

$=\dfrac{\mathbf{1}}{\mathbf{32}}$

⑤ $7\dfrac{7}{8}\times2\dfrac{2}{7}\div1\dfrac{4}{5}-3\dfrac{5}{6}\div5\dfrac{3}{4}\times6\dfrac{3}{8}$

$=\dfrac{63}{8}\times\dfrac{16}{7}\times\dfrac{5}{9}-\dfrac{23}{6}\times\dfrac{4}{23}\times\dfrac{51}{8}$　← ここで約分

$=10-4\dfrac{1}{4}$

$=5\dfrac{3}{4}$

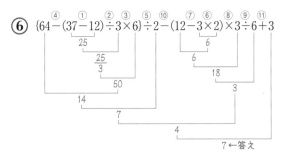

⑥ ①は 25　②は $25\div3=\dfrac{25}{3}$

③は $\dfrac{25}{3}\times6=50$　④は $64-50=14$

⑤は $14\div2=7$　⑥は 6

⑦は $12-6=6$　⑧は $6\times3=18$

⑨は $18\div6=3$　⑩は $7-3=4$

⑪は $4+3=\mathbf{7}$

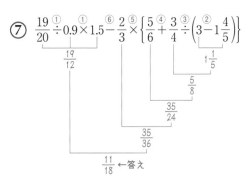

⑦ ①は $\dfrac{19}{20}\div\dfrac{9}{10}\times\dfrac{3}{2}=\dfrac{19}{20}\times\dfrac{10}{9}\times\dfrac{3}{2}=\dfrac{19}{12}$

②は $1\dfrac{1}{5}$

③は $\dfrac{3}{4}\div1\dfrac{1}{5}=\dfrac{3}{4}\times\dfrac{5}{6}=\dfrac{5}{8}$

④は $\dfrac{5}{6}+\dfrac{5}{8}=\dfrac{20}{24}+\dfrac{15}{24}=\dfrac{35}{24}$

⑤は $\dfrac{2}{3}\times\dfrac{35}{24}=\dfrac{35}{36}$

⑥は $\dfrac{19}{12}-\dfrac{35}{36}=\dfrac{57}{36}-\dfrac{35}{36}=\dfrac{\mathbf{11}}{\mathbf{18}}$

14日目 入試問題にチャレンジ②

⑧ $1.3 \times 0.7 + 1.3 \times 2.1 + 1.3 \times 7.2$

$= 1.3 \times (0.7 + 2.1 + 7.2)$ ◀ 共通な数でくくる

$= 1.3 \times 10$

$= \mathbf{13}$

⑨ $48 \times 48 - 36 \times 36 - 24 \times 24 - 12 \times 12$

$= \underline{12 \times 12} \times 16 - \underline{12 \times 12} \times 9 - \underline{12 \times 12} \times 4$

$- \underline{12 \times 12}$ ✏ $\times 1$

⬆ くふうして共通な数をつくる

$= 12 \times 12 \times (16 - 9 - 4 - 1)$

$= 144 \times 2$

$= \mathbf{288}$

⑩ $6.28 \times 0.81 + 3.38 \times 3.14 + 0.5 \times 31.4$

$= \underline{3.14 \times 2} \times 0.81 + 3.38 \times 3.14 + 0.5 \times \underline{10 \times 3.14}$ ✏

⬆ くふうして共通な数をつくる

$= (1.62 + 3.38 + 5) \times 3.14$

$= 10 \times 3.14$

$= \mathbf{31.4}$

⑪ $\underline{43 \times 28 + 33 \times 43}$ ✏ $+ 37 \times 61 + 39 \times 80$

⬆ くくれる数を見つける

$= 43 \times (28 + 33) + 37 \times 61 + 39 \times 80$

$= 43 \times \underline{61} + 37 \times \underline{61}$ ✏ $+ 39 \times 80$ ◀ くくれる数を見つける

$= (43 + 37) \times 61 + 39 \times 80$

$= 80 \times 61 + 39 \times 80$

$= 80 \times (61 + 39)$

$= 80 \times 100$

$= \mathbf{8000}$

⑫ $\{(1.875 \times 1.875 + 0.625 \times 0.625) \times 128 + 0.375 \times 8\} \div 0.25$

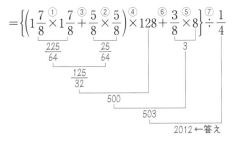

①は $\dfrac{15}{8} \times \dfrac{15}{8} = \dfrac{225}{64}$　　②は $\dfrac{25}{64}$

③は $\dfrac{225}{64} + \dfrac{25}{64} = \dfrac{125}{32}$

④は $\dfrac{125}{32} \times 128 = 500$　　⑤は 3

⑥は $500 + 3 = 503$

⑦は $503 \div \dfrac{1}{4} = 503 \times 4 = \mathbf{2012}$

⑬ $10 + 12.6 + 15.2 + 17.8 + 20.4 + 23 + 25.6$
$+ 28.2 + 30.8 + 33.4$

$= (10 + 33.4) \div 2 \times 10$ ◀ (はじめの数＋終わりの数)÷2 ×個数

$= \mathbf{217}$

⑭ どの位も数の和が

$\underline{0 + 1 + 2 + 3 + 4 + 5 + 6 + 7 + 8 + 9 = 45}$

となっています ✏ から

$45 \times 1111 = \mathbf{49995}$

⑮ 前半の（　）の中で，どの位も数の和が

$\underline{3 + 5 + 7 + 9 = 24}$

後半の（　）の中で，どの位も数の和が

$\underline{2 + 4 + 6 = 12}$

となっています ✏ から

$(3579 + 5793 + 7935 + 9357) \div 3333$

$- (246 + 462 + 624) \div 333$

$= 24 \times 1111 \div 3333 - 12 \times 111 \div 333$

$= 8 \times 3333 \div 3333 - 4 \times 333 \div 333$

$= 8 - 4$

$= \mathbf{4}$

⑯ $\dfrac{1}{4} + \dfrac{1}{28} + \dfrac{1}{70} + \dfrac{1}{130} + \dfrac{1}{208}$

$= \dfrac{1}{1 \times 4} + \dfrac{1}{4 \times 7} + \dfrac{1}{7 \times 10} + \dfrac{1}{10 \times 13} + \dfrac{1}{13 \times 16}$

$= \left(\dfrac{1}{1} - \dfrac{1}{4}\right) \times \dfrac{1}{3} + \left(\dfrac{1}{4} - \dfrac{1}{7}\right) \times \dfrac{1}{3} + \cdots$

$+ \left(\dfrac{1}{13} - \dfrac{1}{16}\right) \times \dfrac{1}{3}$

$= \left(\dfrac{1}{1} - \dfrac{1}{4} + \dfrac{1}{4} - \cdots + \dfrac{1}{13} - \dfrac{1}{16}\right) \times \dfrac{1}{3}$

$= \left(\dfrac{1}{1} - \dfrac{1}{16}\right) \times \dfrac{1}{3}$

$= \dfrac{\mathbf{5}}{\mathbf{16}}$

⑰ $\left\{0.72 \times 3\dfrac{1}{8} \div \left(2\dfrac{5}{6} - \square\right) - 0.6\right\} \div 1\dfrac{1}{35} = \dfrac{7}{15}$

①は $\dfrac{7}{15} \times 1\dfrac{1}{35} = \dfrac{12}{25}$

②は $\dfrac{12}{25}+\dfrac{3}{5}=\dfrac{12}{25}+\dfrac{15}{25}=\dfrac{27}{25}$

$0.72\times3\dfrac{1}{8}=\dfrac{72}{100}\times\dfrac{25}{8}=\dfrac{9}{4}$ より,

③は $\dfrac{9}{4}\div\dfrac{27}{25}=\dfrac{9}{4}\times\dfrac{25}{27}=2\dfrac{1}{12}$

□は $2\dfrac{5}{6}-2\dfrac{1}{12}=2\dfrac{10}{12}-2\dfrac{1}{12}=\mathbf{\dfrac{3}{4}}$

⑱ 下の**図1**で，式の前半の計算の結果は，色がついた部分の差(㋐−㋑)になります。

図1

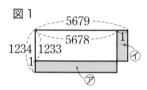

$1\times5678-1233\times1=4445$

下の**図2**で，式の後半の計算の結果は，色がついた部分の差(㋒−㋓)になります。

図2

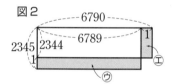

$1\times6789-2344\times1=4445$

したがって，答えは　$4445\times2=\mathbf{8890}$

⑲

m^3 kL			L	dL		cm^3 mL
				2	8	0
			2.	3		
+			0.	0	8	
	8	2	5	8		
−			0.	9		
	8	**2**	**4.**	**9**		

⑳

km^2		ha		a		m^2				cm^2
0.	0	0	1							
+	2	0	0	0	0	0	0	0		
		3								
−		5	0	0						
	2	**5**	**0**	**0**						

③

(MEMO)

（MEMO）

(MEMO)

(MEMO)